中等职业教育大数据技术应用专业系列教材

U0722238

数据可视化技术应用

SHUJU KESHIHUA JISHU YINGYONG

主　编　周宪章　吴万明

副主编　凌　兰　熊传红　欧小宇

主　审　武春岭　陈　继

重庆大学出版社

图书在版编目（CIP）数据

数据可视化技术应用 / 周宪章, 吴万明主编.
重庆 : 重庆大学出版社, 2025. 2. -- (中等职业教育大
数据技术应用专业系列教材). -- ISBN 978-7-5689
-4906-4

Ⅰ. TP31
中国国家版本馆CIP数据核字第2025J4C078号

中等职业教育大数据技术应用专业系列教材

数据可视化技术应用

主编　周宪章　吴万明

责任编辑：章　可　　版式设计：章　可
责任校对：谢　芳　　责任印制：赵　晟

*

重庆大学出版社出版发行
出版人：陈晓阳
社址：重庆市沙坪坝区大学城西路21号
邮编：401331
电话：（023）88617190　88617185（中小学）
传真：（023）88617186　88617166
网址：http://www.cqup.com.cn
邮箱：fxk@cqup.com.cn（营销中心）
全国新华书店经销
重庆正文印务有限公司印刷

*

开本：787mm×1092mm　1/16　印张：11.25　字数：262千
2025年2月第1版　　2025年2月第1次印刷
ISBN 978-7-5689-4906-4　定价：49.00元

前　言

在数字化浪潮汹涌澎湃的今天，数据可视化作为信息传达的重要手段，正逐渐成为各行业决策分析不可或缺的一环。为培养大数据技术紧缺人才和满足企业对人才的梯级需求，完善大数据人才培养体系，教育部在 2021 年发布的《职业教育专业目录》中，为高等职业教育本科、高等职业教育专科和中等职业教育分别新增了大数据工程技术、大数据技术和大数据技术应用专业。2021 年，全国职业教育大会指出，要一体化设计中职、高职专科、本科职业教育培养体系，深化"三教"改革，"岗课赛证"综合育人，提升教育质量。2021 年，中共中央办公厅、国务院办公厅印发的《关于推动现代职业教育高质量发展的意见》指出："一体化设计职业教育人才培养体系，推动各层次职业教育专业设置、培养目标、课程体系、培养方案衔接。"这为职业教育进一步优化类型定位、强化类型特色，探索构建职业教育一体化人才培养体系指明了方向。为此，重庆市教育科学研究院职业教育与成人教育研究所组织部分具有丰富教改经验和较强研究能力的中职学校、高职院校、职业教育本科院校、大数据企业和教育研究机构（校企研三元）以大数据专业建设为突破口，根据高素质技术技能人才的成长规律和培养目标，注重岗位标准向专业标准转化、专业标准向能力标准转化、能力标准向课程标准转化，开展"三阶贯通、循序渐进、通专融合"的一体化课程体系的整体构建，实现分段人才培养目标的有机衔接、课程内容和结构的递进与延展。对能力开发、教学标准、人才培养方案、课程标准、评价制度等进行一体化设计与开发，构建起中高本无缝衔接的"基础＋平台＋专项＋拓展"的一体化课程体系，为向社会各行业高效、高质地培养各级各类专业技术人才提供基本遵循。

"数据可视化技术应用"是职业院校"中高本"一体化课程体系中大数据技术应用专业的核心课程之一。本书是重庆市教育科学"十四五"规划 2021 年度重点课题"课堂革命下重庆市中职信息技术'三教'改革路径研究"（课题编号：2021–00–285）以及重庆市教育委员会 2022 年职业教育教学改革研究重大项目"职业教育中高本一体化人才培养模式研究与实践"（项目编号:ZZ221017）的研究成果。

中等职业教育已从注重规模发展转变为走内涵发展之路，提高教学质量水平是内涵发展的重要内容。因此，以教材、教师、教法为内容的"三教"改革是中等职业教育改革的长期任务。中等职业教育经过多年的改革发展，形成了"以学生为中心、能力为本位"的职业教育理念，但要真正做到全面实施能力本位教育模式，让学生在"做中学，学中做"，那么教材是基础，教师是根本，教法是途径。教材尤其是中等职业教育教材不应仅是知识的简单静态载体，而必须是有教育思想和灵魂的活教材。

本书在开发设计时，把"行动导向"教学法的先进理念融入教材中，基于工作过程导向课程设计思想安排教材内容，实现了工作内容与学习内容的有机统一，对每个学习项目按照"行动导向"教学法的六个环节：资讯、计划、决策、实施、检查、评价来组织教学内容，教材体例结构新颖，内容呈现形式简明、准确、层次分明、逻辑性强，为教师和学习者提供一种有别于传统教材的全新教法和学习体验，能有效促进教师改进教法，提升教学能力水平，促使学习者"做中学，学中做"，从而提高学习效率和学习获得感。

本书以大数据专业实习生小杨的视角，通过他在数据分析公司实习期间所从事的数据可视化工作，生动展示了数据可视化的实际工作流程、所需技术技能以及规范要求。

本书立足与数据可视化相关的职业岗位技能，紧密结合实际业务场景，通过典型工作案例的引入，使学习者能够深入了解数据可视化的核心技术和应用方法。本书内容从收集大量数据开始，围绕如何按业务需求分析数据、提取有用数据、呈现分析结果、形成分析报告这一完整流程展开，旨在帮助学习者掌握数据可视化的精髓，提升其在工作中的实际应用能力。

本书具有以下鲜明特色：

1. 以数据可视化工作流程为主线，贯穿每个任务的实施。从确定可视化指标到收集数据、处理数据、分析数据，再到创建可视化图表、美化图表、解读图表并得出结论，每一步都紧扣实际业务场景，使学习者能够在实际操作中逐步掌握数据可视化的关键技能。

2. 以提升工作技能为主线组织内容。本书通过四个项目的设计，层层递进，逐步深入。从数据可视化工具的选择到静态图表的制作，再到动态图表的创建以及数据分析可视化报告的撰写，每个项目都紧密围绕实际工作中的需求展开，使学习者能够在实践中不断提升自己的技能水平。

项目一 揭秘数据可视化之奥 介绍数据可视化工具的种类，包括各类主流工具的特点和适用场景；剖析 WPS 表格在数据可视化方面的基本用法，通过"技能英雄榜"案例，生动讲述一个完整的数据可视化流程，帮助学习者更好地理解和掌握数据可视化的实际操作。

项目二 打造零售业数据可视化图表 以零售超市数据分析可视化案例为基础，详细讲述零售行业的整体销售数据分析、库存数据分析和客户行为画像等可视化技术。

项目三 创建商业数据动态图表展示 以制作新能源汽车销售数据可视化动态看板案例为基础，简述新能源汽车的整体销售数据、消费者行为画像以及影响新能源汽车销售因素的数据动态大屏的制作技巧。

项目四 撰写与呈现数据分析报告 以撰写通过网络订购房间的数据可视化报告

案例为基础，详细讲述数据分析报告的框架结构、规范要求，使用文档软件书写数据分析报告、演示软件制作数据分析报告演示文稿的技巧，以提升学习者的数据分析报告撰写和演示技能。

3. 本书注重思政教育，以国产软件 WPS Office 为平台，通过案例分析，让学习者更深入地了解中国的商业情况，激发民族自豪感。同时，本书也强调行业技术的应用，由行业专家提供技术支持和案例数据，确保教材内容与实际应用紧密贴合。

本书由周宪章、吴万明任主编，凌兰、熊传红、欧小宇任副主编。项目一由重庆市教育科学研究院周宪章编写，项目二由重庆市九龙坡职业教育中心吴万明和熊传红合作编写，项目三由重庆市永川职业教育中心凌兰编写，项目四由吴万明和重庆市垫江职业教育中心欧小宇合作编写，重庆瀚海睿智大数据科技股份有限公司为教材提供行业技术、教材案例数据支持，教材统稿由吴万明完成。教材配套的案例、素材、视频等由全体编写成员合作完成。重庆电子科技职业大学武春岭和重庆瀚海睿智大数据科技股份有限公司总裁陈继担任教材的主审。

本书适合各类学习者使用。无论是零基础的初学者，还是已经具备一定基础的学习者，都可以通过本书的学习，掌握数据可视化的核心技术和应用方法。同时，本书也适合作为中职学校大数据相关专业的教材及培训机构的辅导用书。

在编写过程中，我们得到了众多专家和同行的支持与帮助。在此，我们对他们表示衷心的感谢。同时，我们也期待与广大学习者一起，共同探索数据可视化的奥秘，为行业的进步与发展贡献我们的力量。

编　者

2024 年 10 月

目 录

项目一

揭秘数据可视化之奥

无处不在的数据，给人的感觉千差万别：或冰冷枯燥，让人望而生畏、百思不解其意；或生动有趣，让人一目了然、豁然开朗。怎么达到后一种效果呢？答案就在数据可视化技术——一种特别的方式，能够将数据以直观、易懂的形式呈现出来。如今，数据可视化不仅成为企事业单位核心竞争力的重要组成部分，也是数据分析岗位不可或缺的技能之一。

立新科技有限公司，作为一家专注于数据分析的公司，致力于为企业提供数据挖掘、分析和可视化服务，助力企业高效利用数据、诊断问题、制订发展战略。小杨，一名大数据专业的中职生，有幸进入立新公司实习，被安排到公司的数据可视化小组。他决心跟随导师深入学习数据可视化的核心技能，在同组前辈的指导下，小杨开始了他的学习之旅。

◆ 了解数据可视化的发展和作用，领略数据可视化之美

◆ 了解数据可视化工具，开启数据可视化之门

◆ 掌握数据可视化流程，踏上数据可视化之旅

任务一　领略数据可视化之美

资　讯

--- 任务描述：

数据是现实生活的一种映射，蕴含着无数的故事。这些故事，有的简单明了，一目了然，有的曲折复杂，引人深思，还有的出人意料，令人惊叹。在商业运营、政府服务、媒体报道、经济生活以及行业发展中，都可以看到数据的身影，它们以各种各样的形式讲述着精彩纷呈的故事。

作为一名大数据专业的实习生，小杨常常目睹公司的老员工们轻松地点点鼠标、敲敲键盘，便让一张张数据图片跃然屏上，生动而富有活力。每次开会，公司都会利用数据图表来展示工作进度，这种直观且高效的方式让小杨深感震撼。他决定要好好学习数据可视化技术，于是向导师请教，该如何入门。导师告诉他，首先需要了解以下4个方面的知识：

①数据可视化研究的意义及其发展历程；

②数据可视化所蕴含的现实意义和价值；

③数据可视化的典型应用案例和场景；

④数据可视化制作工具和技术的选择与运用。

--- 知识准备：

一、数据可视化研究的意义

信息科学领域面临的一个巨大挑战就是数据爆炸。一方面，互联网使得信息的采集、传播的速度和规模达到空前的水平，实现了全球的信息共享与交互。另一方面，人的视觉信息处理能力和认知的局限性限制了对信息的接收和理解。实验心理学家赤瑞特拉通过大量心理学实验表明：人类从外界获取信息的83%来自视觉，11%来自听觉，3.5%来自触觉，1%来自味觉。

二、数据可视化研究的发展历程

数据可视化的发展可追溯到17世纪前，如图1-1-1所示，数据可视化的发展与数据挖掘，人机交互，大规模、高维度、非结构化数据有着紧密联系。数据可视化从整体上可分为前计算机时代和后计算机时代，在浩瀚历史长河中，它在关键时刻改变了人类解决问题的思维方式。

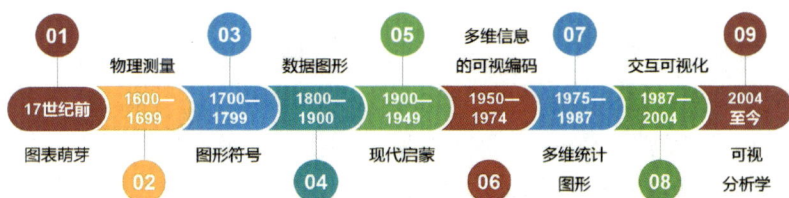

图 1-1-1 数据可视化的发展历程

1. "鬼图"帮人们找出霍乱病毒源头

英国医生约翰·斯诺绘制的 1854 年伦敦霍乱地图（又称"鬼图"，见图 1-1-2）是数据可视化领域最著名的案例之一。1854 年，伦敦爆发霍乱，10 天内有 500 人死去，但比死亡更加让人恐慌的是"未知"，人们不知道霍乱的源头和感染分布。流行病专家约翰·斯诺将伦敦苏活区的地图与霍乱数据结合在一起，用黑杠标注死亡案例所在区域。分析结果显示，布罗德街的水龙头是传染源。

这一事件使人们意识到城市下水系统的重要性并采取了切实行动，引发了卫生系统的重大变革。这一案例表明，数据不仅以表格中的数字形式存在，还可以转化为地图形式，呈现出具体问题的真实模拟，增强说服力。

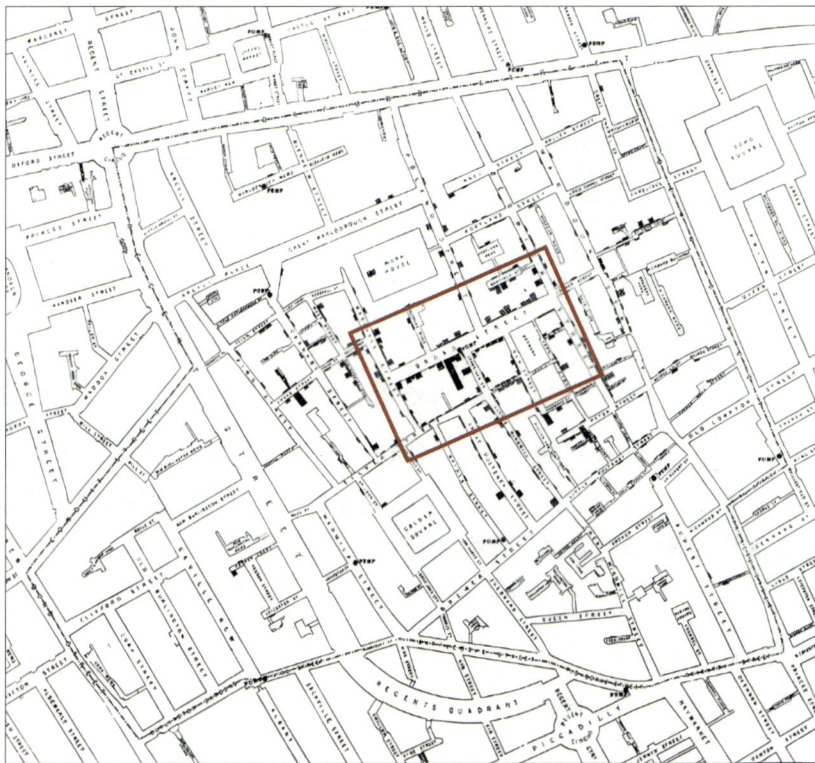

图 1-1-2 伦敦霍乱地图

2. "鸡冠花图"唤醒人们对医院环境的关注

"鸡冠花图"（见图 1-1-3）也称南丁格尔极域图或玫瑰图。1857 年战地护士南丁格尔在克里米亚战争期间，通过搜集数据，发现很多人的死亡原因并非"战死沙场"，而是因为在战场外感染了疾病，或是在战场上受伤，却没有得到适当的护理而致死。她为了说服维多利亚女王改善战地医院条件，绘制了著名的"鸡冠花图"，在图中有两个圆形区域，每个圆形区域对应战争的一个阶段，圆形中的每个小扇形代表每个月英军的阵亡人数，粉色区域代表死于刀伤或枪伤的人数，黑色区域代表死于其他原因的人数，剩下的蓝色区域代表死于可预防的传染病的人数。

"鸡冠花图"用面积直观地表现出了一个时间段内，几种死因的占比，让任何人都能看懂，从而让维多利亚女王在看后很快做出整改医院条件的决策。

"鸡冠花图"唤醒了人们对医疗环境的重视，同时它的设计理念一直被人们喜爱和使用。

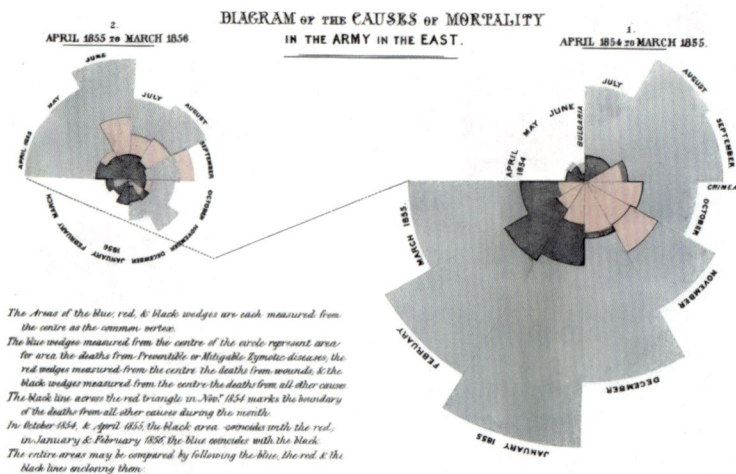

图 1-1-3　鸡冠花图

岗证须知

要获得大数据分析与应用技能等级（中级工）证书，要求数据可视化从业人员熟悉数据蕴含的信息、数据可视化的作用及典型应用案例，掌握数据分析可视化软件的相关知识，能为客户选择和安装数据分析可视化软件提供服务。

计划&决策

在原始社会，人们结绳计数便是一种简单的数据可视化形式。进入大数据时代，数据可视化显得尤为重要。为了深入了解数据可视化，小杨决定探索其背后的意义。

首先，他希望能理解数据可视化如何揭示数据背后的现实信息；

其次，他打算研究数据可视化的基本概念和特征；

接着，他计划结合社会生活，探索数据可视化的实际应用场景；

最后，他希望能够熟悉并掌握数据可视化的制作工具。

通过这样的学习过程，小杨期望为未来的数据可视化研究和实践打下坚实的基础。

实 施

一、了解数据可视化蕴含的现实信息

1. 数据可视化传递更多信息

数据可视化技术能轻松讲述数据蕴含的具体内容，帮助公众理解和传递信息。例如，天气预报文字版的内容为"晴，气温 32 摄氏度"，而其图形版内容（见图 1-1-4）能让人一看就明白，该地区天气晴朗，太阳大、有点热，注意防晒。

图 1-1-4　天气情况

2. 数据可视化预防事故

图 1-1-5 是人民网舆情数据中心统计的月度"青少年溺水"事故，该图不是简单展示数据，而是通过该图可以直观看出 2018—2022 年，每年 6、7 月份是事故发生的高峰期，整体呈逐年上升趋势，应加强对青少年的溺水安全教育和管理。

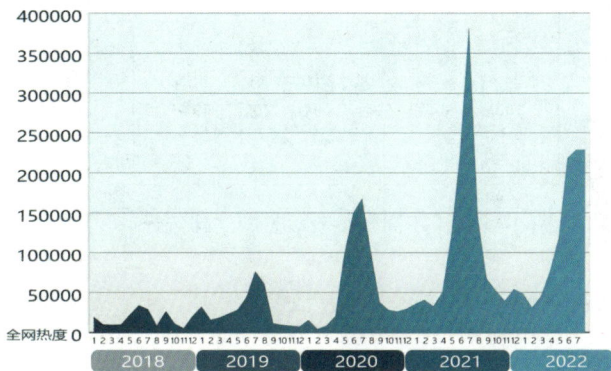

图 1-1-5　月度溺水事故统计

3. 数据可视化预测未来

数据不仅能讲述过去的故事，根据数据变化，利用相关设备、技术和知识，还能预测数据的发展趋势，讲述未来的"故事"。图 1-1-6 是该地区未来 40 天的天气情况，可以看出平均气温在 30~40 ℃，虽然其中的 18 天有雨，但天气依然炎热，防中暑、防溺水工作还需加强。

2天降温/2天升温， 共18天有雨

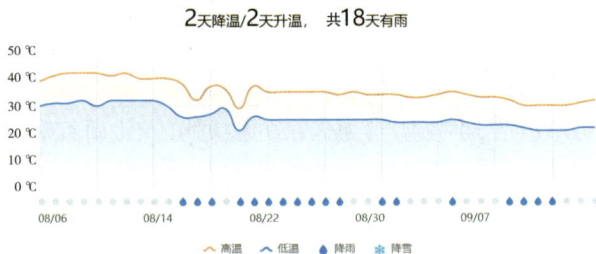

图 1-1-6　未来 40 天的天气情况

实 践 真 知

观察图 1-1-7 所示的旅游出行结伴统计情况，回答问题。

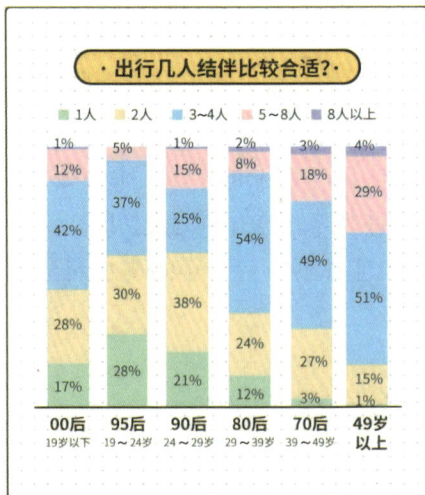

图 1-1-7　不同年龄阶段旅游结伴统计

1. 喜欢结伴旅游的是年轻人还是中老年人？

2. 如果你是酒店老板，准备调整酒店房型，写出你的调整方案。

二、了解数据可视化的内涵和特征

1. 数据可视化的内涵

　　数据可视化是指借助于图形化手段，清晰有效地传达与沟通信息，即将具体数据以图形、图像、地图、动画等视觉形式输出，以便理解数据蕴含的信息，发现数据规律，更好地使用数据，如图 1-1-8 所示。

输入：数据　　　　输出：视觉形式　　　　目标：深入理解

图 1-1-8　数据可视化的内涵

数据可视化的基础是数据，数据是描述客观世界中各种事务的符号记录，因此，数据能传递信息，当大量的数据聚集在一起成为数据集，会展示数据变化规律，关注数据整体变化规律做出的判断，比只注意局部数据做出判断更准确。

2. 数据可视化的特征

（1）易懂性。数据可视化将难懂的、零碎的数据转换成具有特定结构的、规范的、易理解的图表内容，让大众能看懂、提取信息。

（2）必然性。在大数据时代，指数级增长的数据量远超过大脑的处理和存储能力，必然需要对数据进行归纳总结，提炼关键性指标，以及转换数据结构和表现形式。

（3）片面性。数据可视化只是数据表达的一种形式，具有片面性，主要展示目标需要的数据或趋势，因此，数据可视化不能替代数据本身。

（4）专业性。数据可视化不是简单将数据图表化，而是一项系统工程，需要专业人员从可视化模型中提取专业内容进行展示。

三、熟悉数据可视化的典型应用

早期的数据可视化技术是咨询机构、金融企业的专业工具，其应用领域较为单一，应用形态较为保守。随着大数据、人工智能技术的深入应用，数据可视化技术已深入人们的日常生活，电子时钟、手机导航图、地铁线路（见图 1-1-9）、公交时刻表、天气热力图等可视化数据，总会不经意地与你相遇。总体而言，数据可视化技术广泛应用于想要透过数据看到更多信息价值的地方，如商业开发、政府决策、公共服务（见图 1-1-10）、市场营销等业务领域，涉及金融、电力、通信、工业（见图 1-1-11）、医疗（见图 1-1-12）等行业。

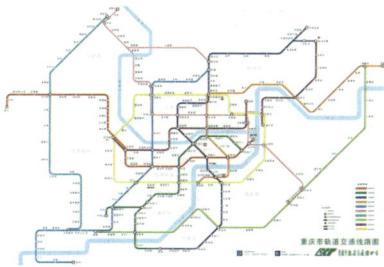

图 1-1-9　地铁线路数据图

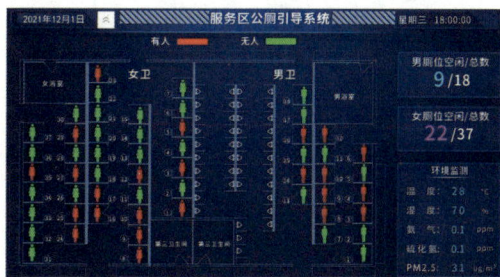

图 1-1-10　公共服务区域数据可视化

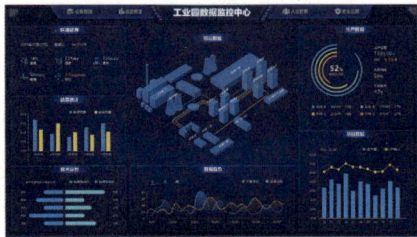

图 1-1-11　工业数据可视化

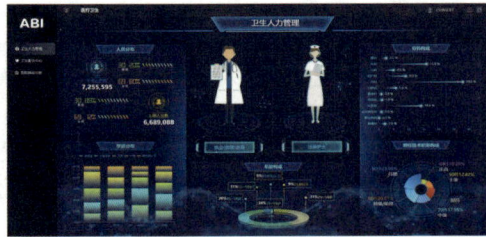

图 1-1-12　医疗数据可视化

四、认识数据可视化常用工具

工欲善其事，必先利其器。选择一款好的工具能让工作事半功倍，数据可视化工具已发展得相当成熟，已经出现了成百上千种可视化工具。大致可分为以下 5 种类型。

1. 办公类可视化分析工具

办公类可视化分析工具通常嵌入在常用的办公软件中，如 Excel、WPS 表格等，提供基本的数据处理和呈现功能。它们简单易用，适合一般用户进行简单的数据分析和可视化，图 1-1-13 是用 Excel 制作的交互式可视化数据大屏。

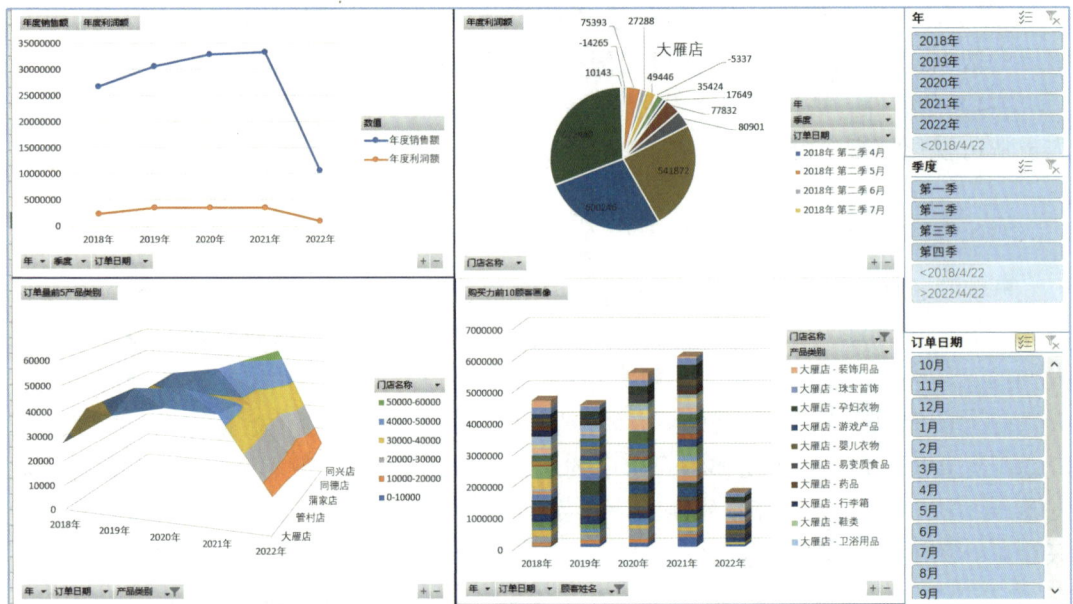

图 1-1-13　Excel 制作交互式可视化数据大屏

2. BI 类可视化分析工具

BI（Business Intelligence，商业智能）类可视化分析工具专注于提供商业开发和分析功能，如 Tableau、Power BI、Fine BI 等。该类工具能够处理大量数据，提供丰富的可视化选项，帮助用户深入分析和理解数据。图 1-1-14 是 Fine BI 制作的某生产车间运行数据看板。

3. 编程类可视化分析工具

编程类可视化分析工具，如 R 语言的 ggplot2 和 Python 的 Matplotlib、Seaborn 库等，需要用户通过编程语言和库进行数据展示和分析，具有高度的灵活性和可扩展性，适合数据科学家和开发者使用。图 1-1-15 是 Matplotlib 制作的电影类型分布条状饼图。

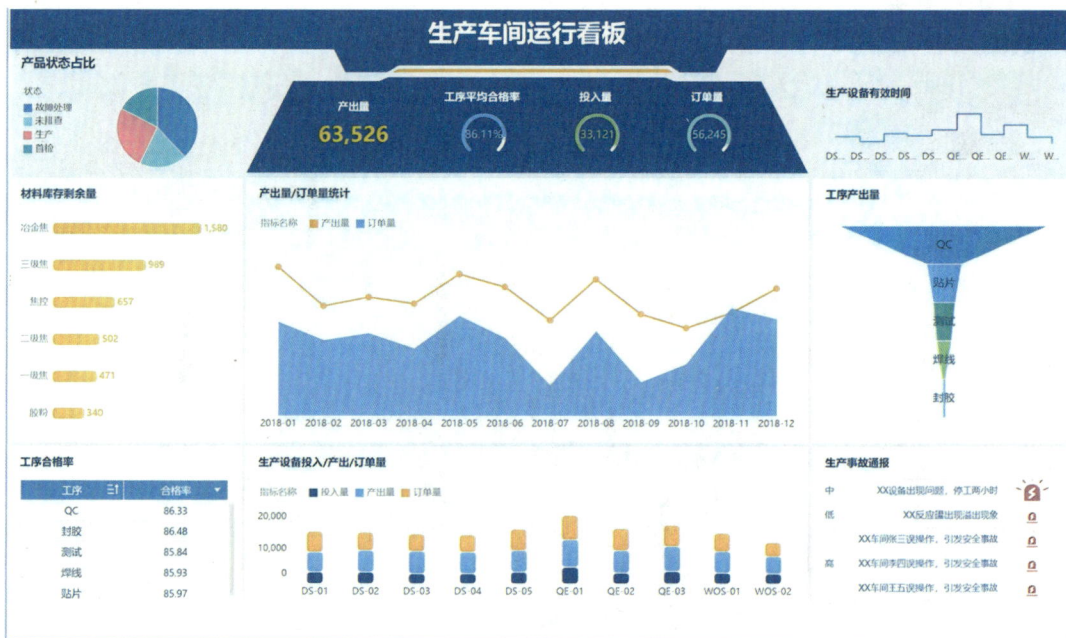

图 1-1-14 Fine BI 制作的某生产车间运行数据看板

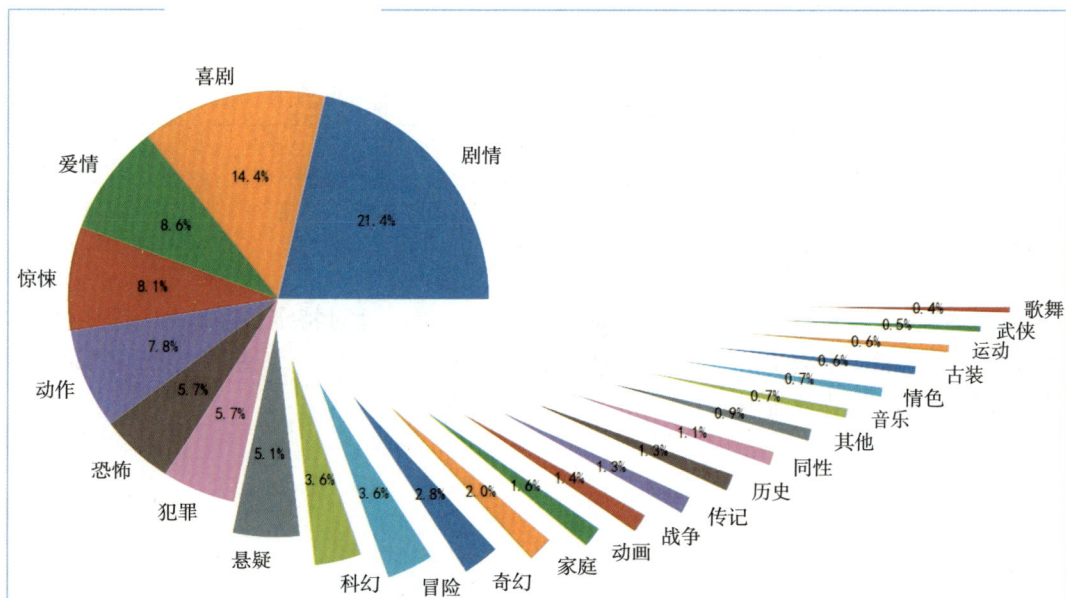

图 1-1-15 Matplotlib 制作的电影类型分布条状饼图

4. Web 类可视化分析工具

Web类可视化分析工具，如D3.js、Echarts 等，通过网页浏览器进行数据展示和分析。其适合在线数据分析和可视化，方便与其他 Web 应用集成。图 1-1-16 是 Echarts 制作的上证指数 K 线图。

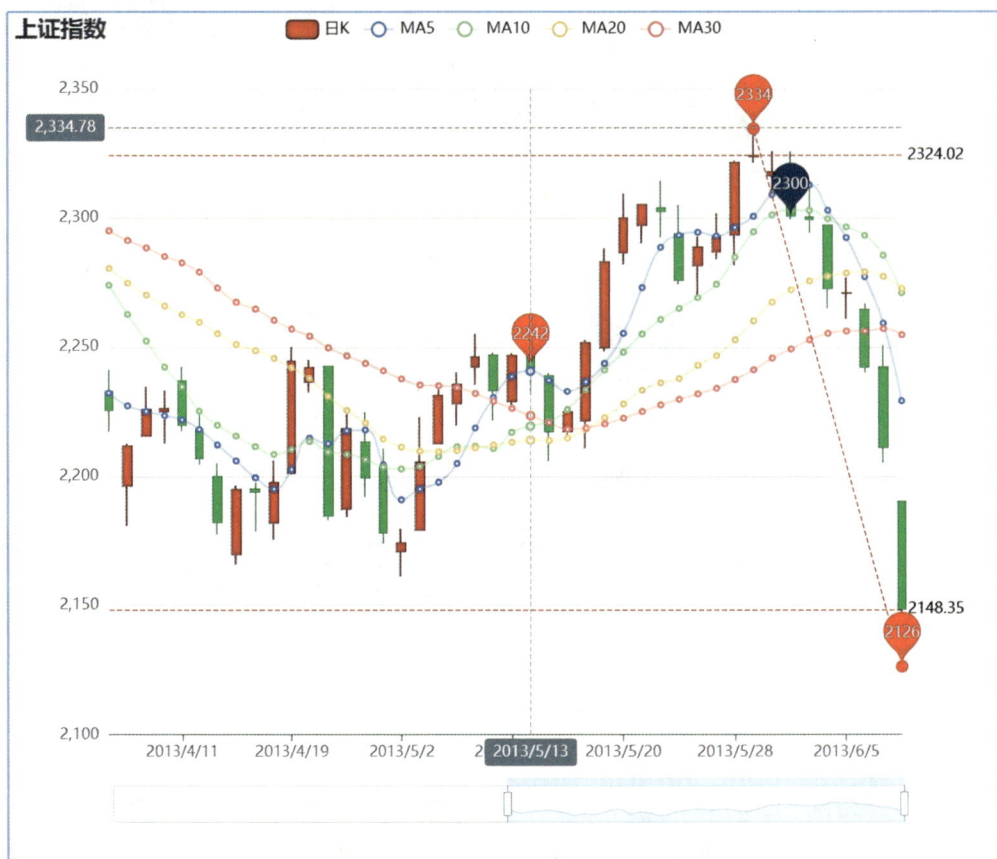

图 1-1-16　Echarts 制作的上证指数 K 线图

5. 商业类可视化分析工具

商业类可视化分析工具，如 Tableau、QlikView 等，针对特定行业或领域提供数据展示和分析功能，适合具有丰富的行业知识和经验的用户使用。图 1-1-17 是 Tableau 制作的新能源汽车销量前 10 的客户分布气泡填充图。

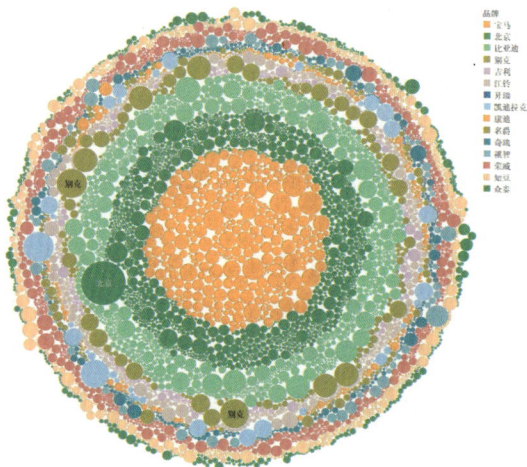

图 1-1-17　Tableau 制作的新能源汽车销量前 10 的客户分布气泡填充图

技 赛 必 备

　　在大数据技术应用、数据可视化等技能大赛中，要求参赛人员具备数据思维、明确数据的典型应用、能使用 1~2 种数据可视化工具。

检 查

一、填空题

1. 数据可视化是指借助于_____手段，清晰有效地传达与沟通_____。
2. 数据可视化的特征有_____、_____、_____和专业性。
3. 根据数据变化，利用相关设备、技术和知识，能_____的发展趋势。

二、选择题

1. 下列不是数据可视化载体的是（　　　）。
　　A. 图形　　　　　　　B. 图像　　　　　　　　C. 地图　　　　　　　D. U 盘
2. 下列不属于数据可视化应用的是（　　　）。
　　A. 电子时钟　　　　　　　　　　B. 手机导航图
　　C. 天气温度感知　　　　　　　　D. 公交时刻表
3. 下列属于编程类可视化工具的是（　　　）。
　　A.Excel　　　　　　　B.Tableau　　　　　　　C.Echarts　　　　　　D.Power BI

三、判断题

1.信息能传递数据,是数据的载体。 （　　）

2.数据可视化只是数据表达的一种形式,不能替代数据本身。 （　　）

3.数据可视化将难懂的、零碎的数据转换成具有特定结构的、规范的、易理解的图表内容,让大众能看懂、提取信息。 （　　）

4.只要诚信经营、踏实肯干,企业也能在大数据时代生存和发展。 （　　）

5.选择一个最完美的可视化工具即可对所有数据进行可视化分析。 （　　）

6.Tableau 是人人都会的基础可视化工具。 （　　）

7.数据可视化不是简单将数据图表化,而是一项系统工程。 （　　）

评 价

序号	评价内容	识记	理解	应用	分析	评价	创造	问题
1	数据可视化研究的意义	√						
2	数据可视化的发展历程	√						
3	数据可视化蕴含的现实信息		√					
4	数据可视化的内涵特征			√				
5	数据可视化的典型应用			√				
6	数据可视化常用工具			√				
教师诊断评语:								

任务二 开启数据可视化之门

资讯

微 课
开启数据可视化
之门

--- 任务描述：

在大数据时代背景下，数据可视化工具的种类繁多且功能各异。其中，一些工具设计得简单易用，非常适合一般用户进行简单的数据分析和可视化操作。而另一些工具则专注于提供商业开发和高级分析功能，以满足用户更深入的数据分析需求。这些工具在不同领域都发挥着不可或缺的重要作用。

小杨决定从简单易用的办公类可视化分析工具——WPS 表格开始学习。他计划先掌握 WPS 表格中的数据可视化基础知识和技能：

①图表的创建方法；

②数据透视表和数据透视图；

③使用条件格式实现数据可视化；

④使用迷你图实现数据可视化。

通过深入学习和实践，小杨期望能够熟练掌握相关工具，并有效地应用它们来解决实际工作和研究中的问题。

--- 知识准备：

一、WPS Office 生态圈

WPS Office 是由北京金山办公软件股份有限公司自主研发的一款办公软件套装。自 1989 年正式推出 WPS1.0 以来，它已经成为中国软件行业中的耀眼品牌，并持续为用户带来创新性的技术和产品体验。WPS Office 覆盖了 Windows、Linux、Android、iOS 等多个平台，支持桌面和移动办公，其移动版更是通过 Google Play 平台覆盖了超过 50 个国家和地区。

WPS Office 具备文字处理、表格制作和演示文稿制作等多项功能，可以满足用户在办公过程中的各种需求。其中，文字处理功能类似于 Word，可以创建、编辑和格式化文档，提供丰富的字体、段落和页面布局选项，还支持插入图片、表格、公式等元素，使得文档制作更加灵活和专业。表格制作功能则提供了强大的数据分析工具，如公式计算、图表制作、数据筛选等，方便用户进行数据处理和分析。此外，WPS Office 还支持阅读和输出 PDF 文件，具有全面兼容微软 Office 格式（doc/docx/xls/xlsx/ppt/pptx 等）的独特优势。

值得一提的是，在 2020 年 12 月，教育部考试中心宣布 WPS Office 作为全国计算机等级考试（NCRE）的二级考试科目之一，这进一步证明了其在办公软件领域的权威

地位。在 2023 年，金山公司更是发布了具备大语言模型能力的生成式人工智能应用——WPS AI，为办公软件带来了更多的智能化和便捷性。

二、WPS Office 的版本

WPS Office 的各种版本见表 1-2-1。

表 1-2-1　WPS Office 的版本

版本	简介
专业版	针对企业用户提供的办公软件产品，具有强大的系统集成能力，如今已经与超过 240 家系统开发厂商建立合作关系，实现了与主流中间件、应用系统的无缝集成，完成企业中应用系统的零成本迁移
个人版	针对个人用户永久免费的办公软件产品，其将办公与互联网结合起来，有多种界面可随心切换，还提供了大量的精美模板、在线图片素材、在线字体等资源，帮助用户轻轻松松打造优秀文档
校园版	专为师生打造的全新 Office 套件，针对各类教育行业的用户，新增了 PDF 组件、协作文档、协作表格、云服务等功能
移动版	运行于 Android、iOS 平台上的办公软件，个人版永久免费，其特点是体积小、速度快，支持微软 Office、PDF 等 47 种文档格式和文档漫游功能
移动专业版	提供基于 Android、iOS 等主流移动平台的办公应用产品，同时打通与 Windows、Linux 平台 WPS Office 产品的互联互通，用户不论是通过台式计算机、智能手机还是平板电脑，都能够获得统一的使用体验，享受到方便快捷的办公方式
公文版	向党政机关用户提供服务，在 WPS 专业版的基础上，提供公文模式、公文模板、公文转换等辅助功能。该版本内置了 19 个公文模板，可自动将版面按照国家标准要求进行设置

三、WPS 表格

WPS 表格是 WPS Office 套件的核心组件之一，主要满足人们对数据的采集、加工、分析和可视化展示需求。

1. 工作界面

下载安装 WPS Office 后，双击 WPS Office 图标运行软件，单击"新建"按钮，可以新建文字、表格、演示、PDF 和在线文档。选择"表格"选项，如图 1-2-1 所示。

打开的 WPS 表格界面如图 1-2-2 所示，由图可知工作界面包含标签栏、选项卡、功能面板、输入框和编辑区等。

2. 功能简介

WPS 表格是一款功能强大的电子表格处理软件，它具备丰富的功能，可帮助用户轻松处理、分析和展示数据。

（1）数据处理：WPS 表格支持多种数据处理操作，如数据的导入、导出、查询、排序、筛选等，这些操作使用户能够方便地对大量数据进行处理和管理。

图 1-2-1　新建表格文档

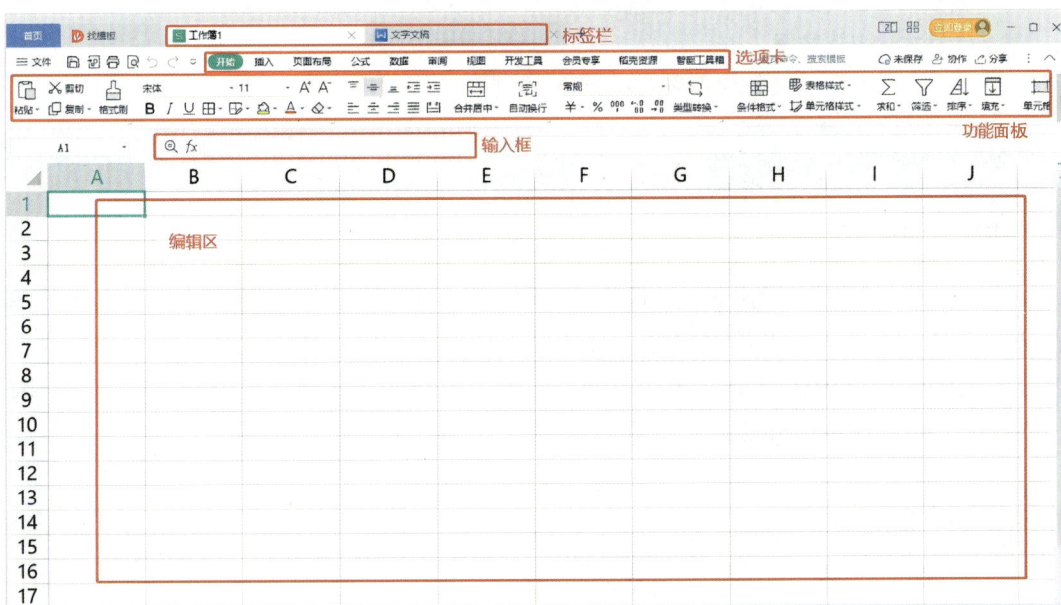

图 1-2-2　WPS 表格工作界面

（2）公式计算：WPS 表格内置了丰富的公式和函数库，支持各种数学、逻辑、文本等运算，满足用户在数据处理中的复杂计算需求。

（3）数据图表：用户可以将数据通过柱状图、折线图、饼图等多种形式进行直观展示，帮助用户更好地理解数据。

（4）数据验证：WPS 表格提供数据验证功能，确保数据的合法性和准确性。

（5）模板应用：WPS 表格提供丰富的模板，用户可以根据需要选择并应用，从而提高数据处理效率。

此外，WPS 表格还支持数据的加密与权限控制，保护数据的安全；提供数据批量处理功能，提高工作效率；支持动态数组及相关的函数，如 DROP 函数、TAKE 函数等，为用户提供更加灵活多样的数据处理方式。

实 践 真 知

1. 面对 WPS Office 不同发行版本的功能特征，应该如何选择？
2. 在 WPS 表格中如何快速实现数据可视化？

赛 证 须 知

要获得全国计算机等级二级证书，其中一个要求是要能使用 WPS 表格创建迷你图，按条件格式化表格数据。

计划&决策

WPS 表格不仅可以用来处理和管理数据，还可以通过数据可视化功能将数据以图表的形式展示出来，使得数据更加直观和易于理解。小杨计划重点学习用条件格式和迷你图进行数据可视化展示，并进一步了解如何通过 repeat 函数、图表、数据透视表和数据透视图进行数据可视化展示。

实 施

一、使用条件格式实现数据可视化

WPS 表格中的条件格式功能强大，能标记重复值、不同类型的特定值，也可以进行数据可视化，润色表格。

1. 设置条件格式

打开"家具电商数据 .xlsx"素材文件，通过条件格式数据可视化的操作如下。

（1）标记重复值。选择"产品 ID"列，执行"条件格式→突出显示单元格规则→重复值"命令，如图 1-2-3 所示，在弹出的对话框中，选择默认颜色，效果如图 1-2-4

所示。

图 1-2-3 标记重复值

产品 ID	产品名称	数量	销售额	利润率
办公用-用品-10002717	Fiskars 剪刀, 蓝色	2	129.696	-47%
办公用-信封-10004832	GlobeWeis 搭扣信封, 红色	2	125.44	34%
办公用-装订-10001505	Cardinal 孔加固材料, 回收	2	31.92	13%
办公用-用品-10003746	Kleencut 开信刀, 工业	4	321.216	-8%
办公用-器具-10003452	KitchenAid 搅拌机, 黑色	3	1375.92	40%
办公用-装订-10001029	Ibico 订书机, 实惠	2	479.92	36%
家具-椅子-10000578	SAFCO 扶手椅, 可调	4	8659.84	31%
办公用-纸张-10001629	Green Bar 计划信息表, 多色	5	588	8%
办公用-系固-10004801	Stockwell 橡皮筋, 整包	2	154.28	22%
技术-设备-10000001	爱普生 计算器, 耐用	2	434.28	1%
技术-复印-10002416	惠普 墨水, 红色	4	2368.8	27%
办公用-信封-10000017	Jiffy 局间信封, 银色	3	683.76	13%
技术-配件-10004920	SanDisk 键区, 可编程	5	1326.5	26%
技术-电话-10004349	诺基亚 充电器, 蓝色	2	5936.56	48%
办公用-器具-10003582	KitchenAid 冰箱, 黑色	7	10336.452	-38%
办公用-标签-10004648	Novimex 圆形标签, 红色	3	85.26	45%
技术-配件-10001200	Memorex 键盘, 实惠	7	2330.44	46%
办公用-用品-10000039	Acme 尺子, 工业	1	85.54	28%
办公用-装订-10004589	Avery 孔加固材料, 耐用	5	137.9	2%
办公用-装订-10004369	Cardinal 装订机, 回收	6	397.32	32%
技术-电话-10002777	三星 办公室电话机, 整包	7	2133.46	45%
技术-复印-10002045	Hewlett 传真机, 数字化	3	4473.84	26%
办公用-用品-10004353	Elite 开信刀, 工业	2	269.92	44%
技术-复印-10002416	惠普 墨水, 红色	4	2368.8	27%

图 1-2-4 标记重复值效果

（2）标记特定值。标记利润为负数的值，选择"利润率"列，执行"条件格式→突出显示单元格规则→小于…"命令，在弹出的对话框中，选择"绿色填充深绿色文本"，如图 1-2-5 所示。

产品 ID	产品名称	数量	销售额	利润率
办公用-用品-10002717	Fiskars 剪刀，蓝色	2	129.696	-47%
办公用-信封-10004832	GlobeWeis 搭扣信封，红色	2	125.44	34%
办公用-装订-10001505	Cardinal 孔加固材料，回收	2	31.92	13%
办公用-用品-10003746	Kleencut 开信刀，工业	4	321.216	-8%
办公用-器具-10003452	KitchenAid 搅拌机，黑色	3	1375.92	40%
办公用-装订-10001029	Ibico 订书机，实惠	2	479.92	36%
家具-椅子-10000578	SAFCO 扶手椅，可调	4	8659.84	31%
办公用-纸张-10001629	Green Bar 计划信息表，多色	5	588	8%
办公用-			154.28	22%
技术-设			434.28	1%
技术-复			2368.8	27%
办公用-配			683.76	13%
技术-配			1326.5	26%
技术-电			5936.56	48%
办公用-			10336.452	-38%
办公用-			85.26	45%
技术-配件-10001200	Memorex 键盘，实惠	7	2330.44	46%
办公用-用品-10000039	Acme 尺子，工业	1	85.54	28%
办公用-装订-10004589	Avery 孔加固材料，耐用	5	137.9	2%
办公用-装订-10004369	Cardinal 装订机，回收	6	397.32	32%
技术-电话-10002777	三星 办公室电话机，整包	7	2133.46	45%
技术-复印-10002045	Hewlett 传真机，数字化	3	4473.84	26%
办公用-用品-10004353	Elite 开信刀，工业	2	269.92	44%
技术-复印-10002416	惠普 墨水，红色	4	2368.8	27%

对话框内容：

小于 ×

为小于以下值的单元格设置格式：

0　　　　　设置为　绿填充色深绿色文本 ▼

确定　　取消

图 1-2-5　标记利润为负数的值

（3）可视化峰值。使用条件格式还能找出数据的最高值、最低值，按峰值百分比、平均值等条件高亮显示数据。

实 践 真 知

利用条件格式，按下列要求实现数据可视化。

（1）给"数量"的最高值标注填充红色。

（2）找出销售额低于平均值的数据。

（4）图形化数据。通过条件格式中的数据条、色阶和图标集 3 个功能，实现数据图形化，润色数据表格。

①使用数据条。选择"销售额"列，执行"条件格式→数据条→红色实心填充"命令，如图 1-2-6 所示，"销售额"列中的数字越大，红色数据条越长，让人一目了然。

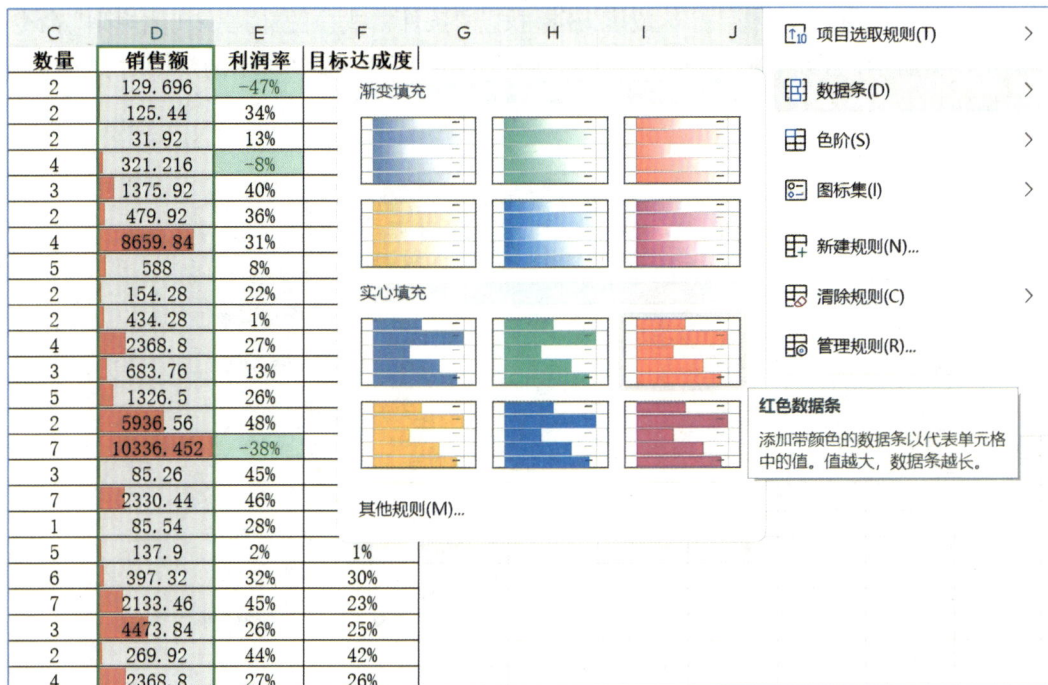

图 1-2-6　用数据条可视化"销售额"列

②使用色阶。选择"数量"列，执行"条件格式→色阶→绿-黄-红色阶"命令，如图 1-2-7 所示，"数量"列中随数字从小到大，颜色从红色逐步过渡到绿色。

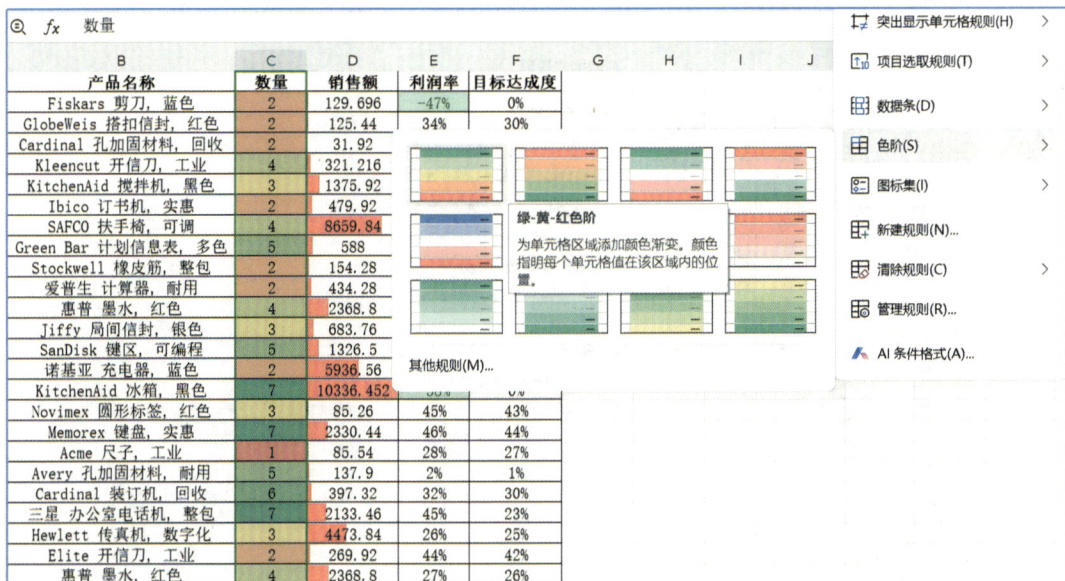

图 1-2-7　用色阶可视化"数量"列

③使用图标集。选择"目标达成度"列，执行"条件格式→图标集→其他规则"命令，如图1-2-8所示，打开"新建格式规则"对话框，设置如图1-2-9所示的规则后，单击"确定"按钮。

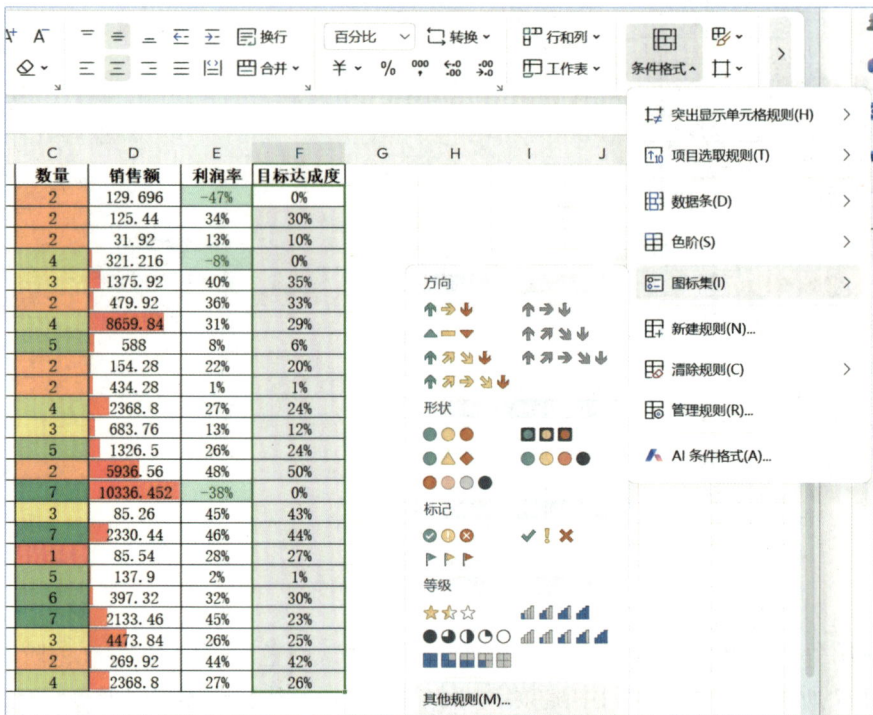

图 1-2-8　选择"其他规则"

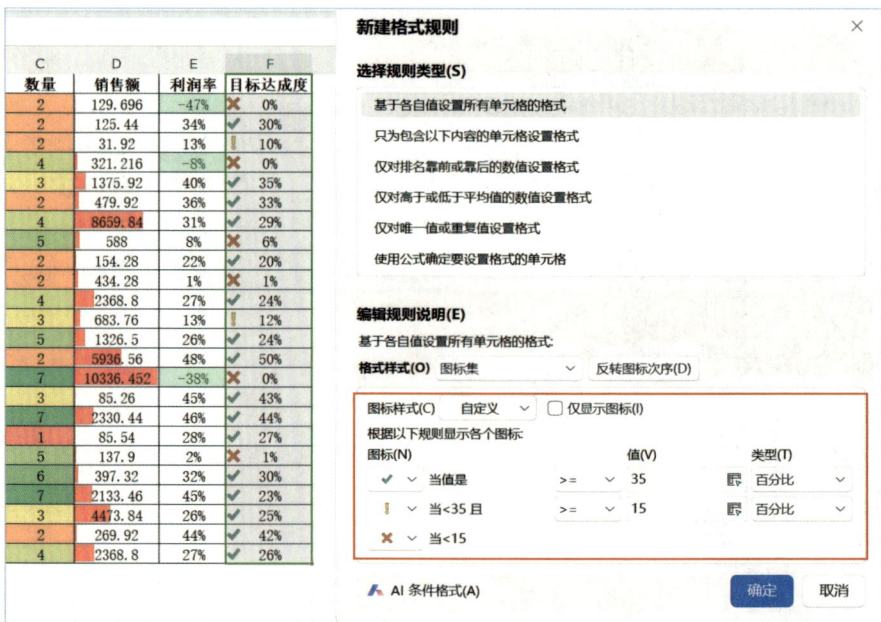

图 1-2-9　新建格式规则及效果

从图 1-2-9 中可以看到"目标达成度"列中，数据大于 35% 的是蓝色的"√"，在 15%~34% 的显示黄色"！"，在 15% 以下的是红色的"×"。

设置条件格式后，该表格的数据可视化效果如图 1-2-10 所示。

▲	A	B	C	D	E	F
1	产品 ID	产品名称	数量	销售额	利润率	目标达成度
2	办公用-用品-10002717	Fiskars 剪刀，蓝色	2	129.696	-47%	× 0%
3	办公用-信封-10004832	GlobeWeis 搭扣信封，红色	2	125.44	34%	✔ 30%
4	办公用-装订-10001505	Cardinal 孔加固材料，回收	2	31.92	13%	！ 10%
5	办公用-用品-10003746	Kleencut 开信刀，工业	4	321.216	-8%	× 0%
6	办公用-器具-10003452	KitchenAid 搅拌机，黑色	3	1375.92	40%	✔ 35%
7	办公用-装订-10001029	Ibico 订书机，实惠	2	479.92	36%	✔ 33%
8	家具-椅子-10000578	SAFCO 扶手椅，可调	4	8659.84	31%	✔ 29%
9	办公用-纸张-10001629	Green Bar 计划信息表，多色	5	588	8%	× 6%
10	办公用-系固-10004801	Stockwell 橡皮筋，整包	2	154.28	22%	✔ 20%
11	技术-设备-10000001	爱普生 计算器，耐用	2	434.28	1%	× 1%
12	技术-复印-10002416	惠普 墨水，红色	4	2368.8	27%	✔ 24%
13	办公用-信封-10000017	Jiffy 局间信封，银色	3	683.76	13%	！ 12%
14	技术-配件-10004920	SanDisk 键区，可编程	5	1326.5	26%	✔ 24%
15	技术-电话-10004349	诺基亚 充电器，蓝色	2	5936.56	48%	✔ 50%
16	办公用-器具-10003582	KitchenAid 冰箱，黑色	7	10336.452	-38%	× 0%
17	办公用-标签-10004648	Novimex 圆形标签，红色	3	85.26	45%	✔ 43%
18	技术-配件-10001200	Memorex 键盘，实惠	7	2330.44	46%	✔ 44%
19	办公用-用品-10000039	Acme 尺子，工业	1	85.54	28%	✔ 27%
20	办公用-装订-10004589	Avery 孔加固材料，耐用	5	137.9	2%	× 1%
21	办公用-装订-10004369	Cardinal 装订机，回收	6	397.32	32%	✔ 30%
22	技术-电话-10002777	三星 办公室电话机，整包	7	2133.46	45%	✔ 23%
23	技术-复印-10002045	Hewlett 传真机，数字化	3	4473.84	26%	✔ 25%
24	办公用-用品-10004353	Elite 开信刀，工业	2	269.92	44%	✔ 42%
25	技术-复印-10002416	惠普 墨水，红色	4	2368.8	27%	✔ 26%

图 1-2-10 条件格式化后的整体数据可视化效果

2. 取消条件格式

执行"条件格式→清除规则→清除所选单元格的规则"命令或者"条件格式→清除规则→清除整个工作表的规则"命令，可以按要求取消条件格式。

二、使用迷你图实现数据可视化

WPS 表格中的迷你图是一种小型的图表，可以直接嵌入到单元格中，用于显示数据的变化趋势。目前，WPS 表格只支持折线、柱形、盈亏 3 种类型的迷你图，并且只能显示一个数据系列。

打开"家具电商数据.xlsx"素材文件，下面以创建"折线迷你图"为例，讲解创建步骤。

（1）选择迷你图类型。在"插入"选项卡下，选择"迷你图→折线"，如图 1-2-11 所示。

（2）设置迷你图的数据范围和位置。在"创建迷你图"对话框中，设置数据范围为 B2:G2，迷你图存放位置范围为 $H$2，如图 1-2-12 所示，单击"确定"按钮后，可看到图 1-2-13 所示的折线迷你图。

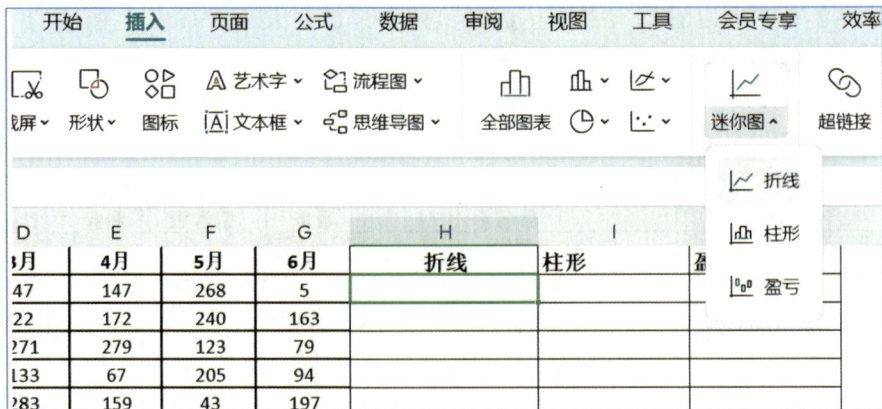

图 1-2-11　选择折线迷你图

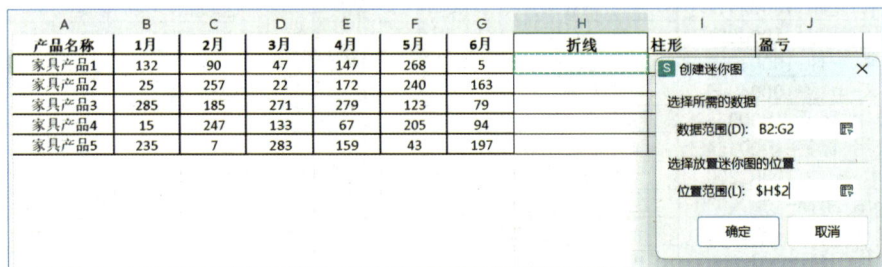

图 1-2-12　设置迷你图的数据范围和位置

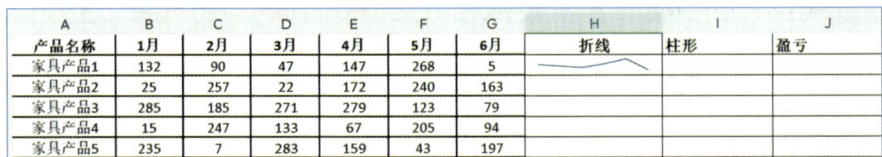

图 1-2-13　生成的折线迷你图

（3）美化折线迷你图。选择折线迷你图，打开"迷你图工具"选项卡，勾选"标记"，则看到折线图上有1—6月的数据点，如图1-2-14所示。

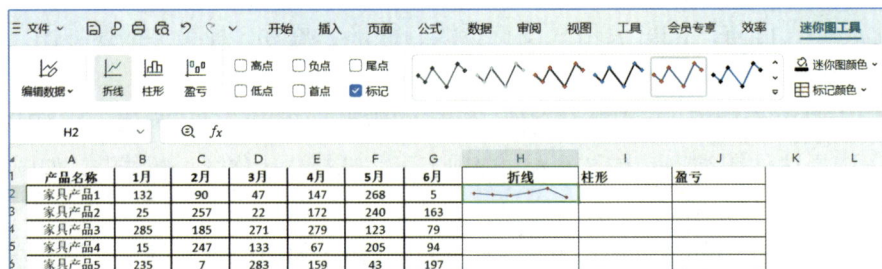

图 1-2-14　美化折线迷你图的效果

实 践 真 知

按下列要求制作迷你图，参考效果如图 1-2-15 所示。

（1）制作家具产品 1 至家具产品 5 的折线迷你图。

（2）制作每个产品的柱形迷你图。

（3）制作每个产品的盈亏迷你图。

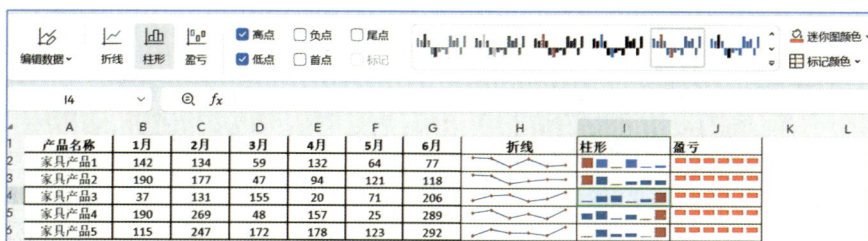

图 1-2-15　家具产品销售情况迷你图

【想一想】

观察图 1-2-15，回答下列问题。

（1）从折线迷你图的走势看，哪种家具产品的销量波动最大？

（2）柱形迷你图中的红色代表什么？如何操作实现？

（3）查看盈亏迷你图，有亏损的月份吗？

（4）折线迷你图的优点是什么？

三、使用图表实现数据可视化

WPS 表格内置了多种图表类型，如柱形图、折线图、饼图、条形图、散点图、面积图、雷达图等，用户可以根据数据的特点和展示需求选择合适的图表类型，如图 1-2-16 所示。如何创建图表实现数据可视化将在后面项目中详细介绍。

图 1-2-16　图表窗口

四、了解数据透视表与数据透视图

WPS 表格中的数据透视表是汇总、浏览和可视化大量数据的高效工具，能进行综合分析和交互式的显示。数据透视图则可以将数据透视表的结果以图形的方式展示出来，更加直观。将在后面的项目中重点介绍数据透视表和数据透视图的使用方法。

检 查

一、填空题

1.WPS 表格是一款功能强大的_____软件，能对数据进行_____、分析和_____。

2.WPS 表格内置了丰富的公式和函数库，支持各种数学、逻辑、文本等运算，满足用户在_____中的复杂计算需求。

3.WPS 表格中迷你图的类型有_____、_____和_____。

二、选择题

1. 下列不属于 WPS 表格提供的内置图表的是（　　　）。

　A. 柱状图　　　　B. 折线图　　　　C. 饼图　　　　D. 等分图

2. 如果要使用迷你图，可通过（　　）选项卡的工具按钮实现。

　A. 工具　　　　B. 插入　　　　C. 数据　　　　D. 公式

3. 在 WPS 表格中，利用（　　　）功能可快速标记单元格的重复值。

　A. 数据 / 查找　　　　　　　　B. 条件格式→突出显示单元格规则→重复值

　C. 背景填充　　　　　　　　　D. 条件格式→数据条

三、判断题

1.WPS 表格只能打开 xls 格式的数据。　　　　　　　　　　　　（　　　）

2.WPS 表格能对数据进行导入、导出、查询、排序、筛选。　　　（　　　）

3.WPS 表格提供的数据验证功能，能确保数据绝对正确和合法。　（　　　）

4.WPS Office 个人版不仅是永久免费的，还提供了大量模板。　　（　　　）

5.WPS Office 专业版是针对高级个人用户提供的版本。　　　　　（　　　）

6.迷你图是放在单元格中的小型图。　　　　　　　　　　　　　（　　　）

7.色阶是给单元格添加颜色渐变来表示数据大小。　　　　　　　（　　　）

四、实战题

将图 1-2-17 所示的表格数据，利用条件格式制作成如图 1-2-18 所示的旋风条形图。

▲	A	B	C
1	员工编号	6月销售业绩	7月销售业绩
2	A001	65	70
3	A002	87	79
4	A003	72	86
5	A004	69	65
6	A005	88	74
7	A006	83	81
8	A007	78	90
9	A008	64	85
10	A009	63	67
11	A010	82	76

图 1-2-17　数据源

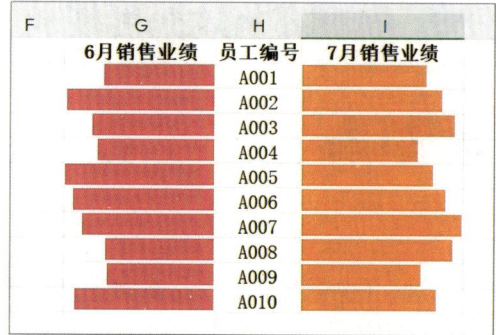

图 1-2-18　旋风条形图

评　价

序号	评价内容	识记	理解	应用	分析	评价	创造	问题
1	WPS Office 的发展历程	√		√				
2	WPS 表格的基本功能	√						
3	使用条件格式实现数据可视化		√					
4	使用迷你图实现数据可视化				√			
5	使用图表实现数据可视化	√						
教师诊断评语：								

任务三　踏上数据可视化之旅

微　课

踏上数据可视化
之旅游

资讯

--- 任务描述:

数据可视化并非仅仅是将数据转化为图形那么简单,它是一个复杂且精细的过程,如同一条协同工作的流水线。在这条流水线上,各个环节并非单向流动,而是彼此相互关联、相互影响。为了帮助小杨深入理解并掌握数据可视化的流程,导师特别为他布置了一个任务:将技能大赛中商务数据分析的获奖名单数据转化为一个生动直观的技能英雄榜数据可视化展示图。为了完成这个任务,小杨需要掌握以下关键知识和技能:

①数据可视化的流程;

②数据可视化的基础分析;

③制作数据可视化图表;

④解读数据可视化图表。

--- 知识准备:

一、数据可视化的流程

数据可视化的流程以数据流为主线,其主要包括确定目标、收集数据、处理数据、分析数据、可视化映射五大步骤,步骤之间是相互作用和影响的,如图1-3-1所示。

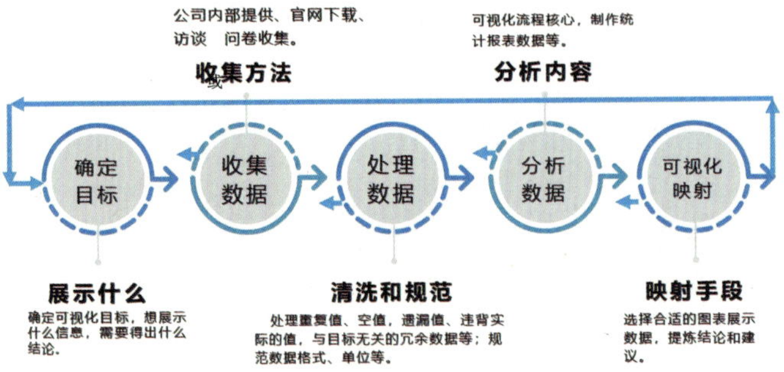

图 1-3-1　数据可视化的流程简图

二、可视化数据指标

科学的数据指标体系能让平淡无奇的业务焕发新生,指引公司在正确的道路上不断前进,而不合理的数据指标体系可能使得公司员工无所适从。

1. 指标

从社会科学角度看，指标是统计学的范畴，用于数据的描述性统计。如衡量一个国家或地区经济状况和发展水平的指标——国内生产总值（Gross Domestic Product, GDP），如果 GDP 大幅增长，则反映出该国经济蓬勃发展，国民收入增加，消费能力也随之增强。

2. 数据指标

数据指标有别于传统意义上的统计指标，它是通过对数据进行分析得到的一个汇总结果，是将业务单元精分和量化后的度量值，使得业务目标可描述、可度量、可拆解。因此，优秀的数据指标应该具有比较性、简单易懂、一个比率和能改变行为等特征。

三、数据透视表

数据透视表是数据分析和可视化的好帮手。通过灵活应用数据透视表，并搭配相应的数据透视图，用户可以轻松、快速制作出可视化图表和动态数据图表，提升数据分析的效率和准确性。

1. 数据透视表的概念

WPS 表格中的数据透视表是一种交互式表格，主要用于数据的汇总、分析、统计和可视化。通过数据透视表，用户可以快速对大量数据进行处理，从不同角度对数据进行分类和计算，并重新安排表格中的行号、列标和页字段，以满足特定的分析需求。

2. 数据透视表的优势

数据透视表在提高数据生成效率、实现 WPS 表格的多样化功能、增强人机交互体验，以及支持多角度的数据分析等方面具有显著优势。

（1）提高数据生成效率。WPS 表格的数据透视功能，能够高效地实现数据的汇总、分析、浏览及检索，对原始数据进行多维度展现。此外，数据透视表还能够完成数据的筛选、排序等操作，并生成汇总表格。

（2）实现 WPS 表格的多样化功能。数据透视表不仅具备 WPS 表格的基础功能，如图表制作、数据排序和筛选，还融合了复杂的计算和函数应用。这使得数据透视表在数据处理和分析方面拥有极高的灵活性和强大的功能。

（3）增强人机交互体验。数据透视表提供了切片器、日程表等交互工具，使得用户可以更加方便地与数据进行交互。通过这些工具，用户能够轻松地对数据透视表进行筛选、过滤和查看，从而实现更加直观和便捷的数据分析。

（4）支持多角度的数据分析。通过创建数据透视表，用户可以根据需要选择不同的字段作为行、列或页字段，以多种维度展现数据。这种灵活性使得用户能够从不同角度对数据进行分析和解读，从而得到更加全面和深入的数据分析结果。

3. 数据透视表的适用场景

WPS 表格的数据透视表功能强大，特别适合在以下情况使用。

•需要对庞大的数据集进行多条件统计处理，但使用公式和函数进行统计比较耗时。

•需要对统计结果进行行列变化，通过将数据字段移动到表格的不同位置来得到不同的分析结果，满足不同分析要求。

•需要通过统计结果直接获取所有原始数据，并将这些原始数据快速制作成一张表格。

•在数据源变化以后，分析结果和数据源保持同步更新，以确保分析结果始终是最新的。

•需要在统计结果中找到这些数据的内部关系，并且可以将这些统计结果按照一定的方式分组。

•需要将得到的统计结果以图表的形式展示出来，并且可以通过筛选决定哪些数据需要展示在图表中。

4. 数据透视表的操作方法

数据透视表基础操作：

①创建数据透视表。打开需要使用数据透视表进行分析的工作表，单击"插入"选项卡下的"数据透视表"按钮，如图 1-3-2 所示。在打开的"创建数据透视表"对话框中，选择数据源（见图 1-3-3），单击"确定"按钮即可创建一张空白数据透视表，如图 1-3-4 所示。

图 1-3-2　单击"数据透视表"按钮

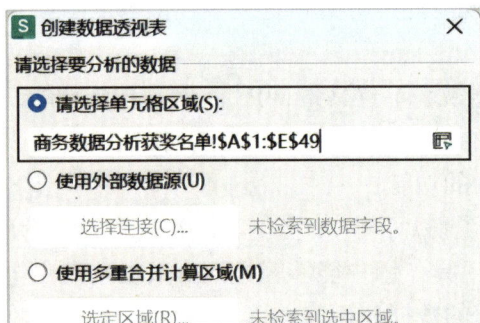

图 1-3-3　选择数据源

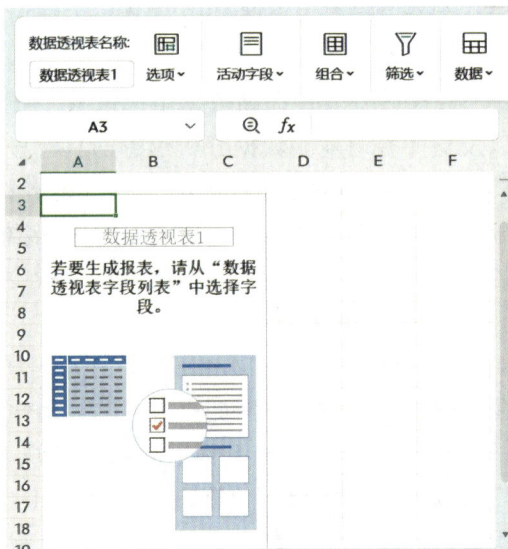

图 1-3-4　创建数据透视表

②布局数据透视表。在"数据透视表字段"窗格中选择需要布局的字段，按住鼠标左键将其拖动到对应的数据透视表区域，即可快速进行字段布局，如图 1-3-5 所示。

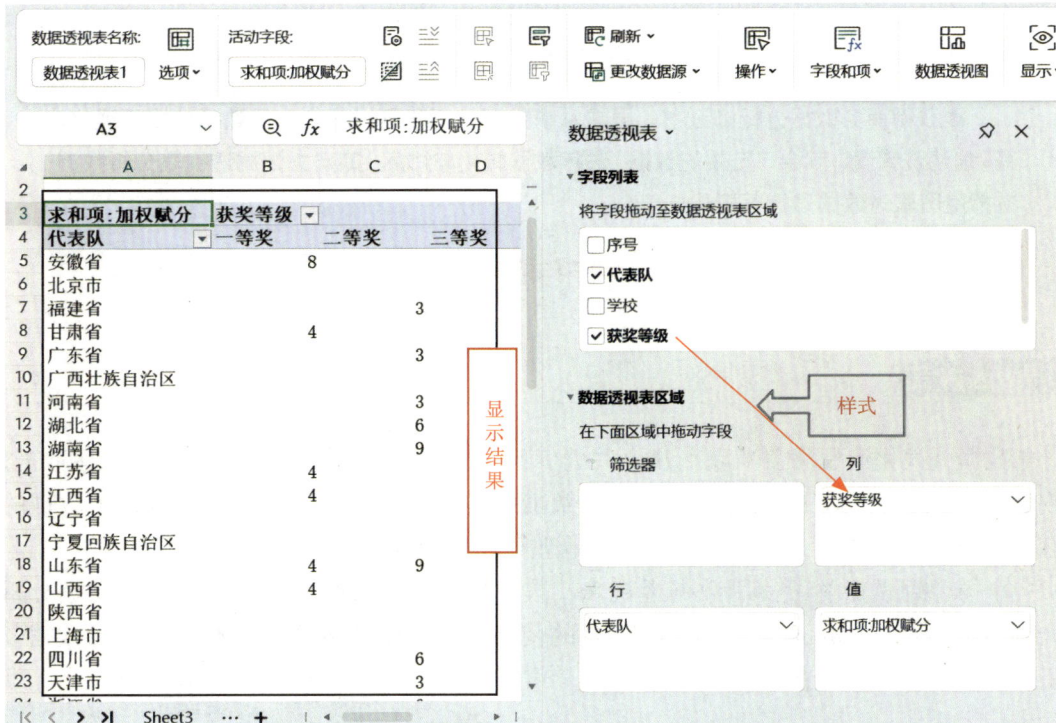

图 1-3-5 布局数据透视表

实践真知

观察图 1-3-3，查看数据源"商务数据分析获奖名单"，回答下列问题。

（1）行区域中的数据列的功能是什么？

（2）各代表队的获奖等级数据与数据源中的获奖等级有什么关系？

（3）如果要查看获得"一等奖"的代表队名单，写出在数据透视表中的操作步骤。

③修改数据透视表。

生成后的数据透视表还可以根据需要进行修改，主要包括以下几个方面：

•更改数据源：当数据源发生变化，可通过"分析选项卡→更改数据源"进行更改。

•调整字段布局：添加、删除、移动数据透视表字段，可在数据透视表区域中完成。

•重命名字段：对自动生成的透视字段名进行重命名，增加可读性，选中需修改的字段单元格，在编辑栏修改即可。

•隐藏或显示字段标题：为更好地查看和分析数据，可通过"分析→显示→勾选字段标题复选框"实现字段标题的显示或隐藏。

•刷新数据透视表：通过"分析→刷新"或设置数据透视表在打开工作簿时自动刷新以显示最新的数据。

岗 证 须 知

要获得商务数据分析师证书，要求从事数据分析和可视化的人员熟悉数据可视化流程，能清洗错误、冗余、无效的数据，进行数据转化与排序，能建立数据透视表分析数据，并能用图表对数据进行可视化展示。

计划&决策

数据可视化流程涵盖了以下几个关键步骤：确定数据可视化指标、准备可视化数据、创建基本图表、图表的美化与调整，以及最终的保存与分享。这一流程确保了数据的有效转换和直观展示，有助于用户更好地理解和分析数据。

小杨计划重点学习使用数据透视表、数据透视图以及图表工具实现商务数据分析大赛数据的可视化。通过掌握这些工具的使用方法，小杨将能够更有效地进行数据分析和展示，提升自己在工作中的竞争力。

一、确定数据可视化指标

要分析"商务数据分析技能大赛"各省市的获奖情况，可使用一等奖、二等奖和三等奖的获奖数量作为指标。为了更深入地洞察各省市在大赛中的综合实力，可以对获奖等级指标进行加权赋分。例如，一等奖赋予 4 分，二等奖赋予 3 分，三等奖赋予 2 分，然后再计算各省的总积分，这些积分数据随后被用作数据可视化的关键指标，通过可视化处理，观察者可以一眼就看出各省职业教育的发展成效，效果如图 1-3-6 所示。

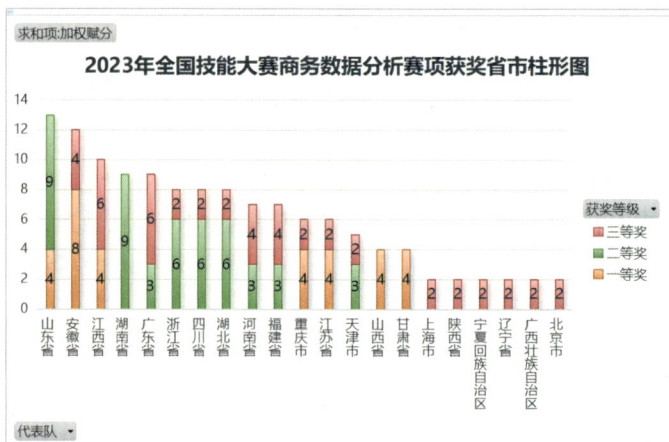

图 1-3-6　商务数据分析赛项的获奖省市英雄榜

二、获取可视化数据

首先，从技能大赛官网下载 2023 年全国技能大赛获奖数据，然后提取商务数据分析赛项的获奖数据，图 1–3–7 是部分数据的截图。

A	B	C	D	E

七十八、商务数据分析 GZ079
78.商务数据分析(团体项目 共144人) 学生赛道

一等奖

序号	代表队	学校	姓名	指导教师
1	山东省	山东商业职业技术学院	吴若曦,谷金泽,王庆菀	权小妍,陈凯
2	甘肃省	兰州资源环境职业技术大学	曹增增,马宏妹,邱欣瑶	杨蕊,罗频宇
3	山西省	山西省财政税务专科学校	穆雪锋,王耀辉,周裕颖	梁彩花,杨文茹
4	江苏省	江苏经贸职业技术学院	季仔帅,雷润泽,周俊豪	孙玉娣,顾锦江
5	安徽省	芜湖职业技术学院	徐文静,赵子慧,张艳冉	王慧颖,闵继庆
6	重庆市	重庆财经职业学院	潘建华,甘云龙,何志琳	姚楠,张余
7	安徽省	安徽财贸职业学院	韩家树,李竹星,王雅芹	韩晓梅,吴小调
8	江西省	江西外语外贸职业学院	刘建军,宁子怡,刘宣佑	周婷婷,欧阳潘

二等奖

序号	代表队	学校	姓名
1	浙江省	金华职业技术学院	陈雅宁,朱宇晗,陈家乐
2	湖南省	湖南商务职业技术学院	黄星星,张琪彬,罗姝姝
3	天津市	天津现代职业技术学院	黄万里,刘奕阳,左姚
4	湖北省	武汉船舶职业技术学院	陈唯志,张安琪,沈美怡
5	四川省	四川财经职业学院	朱倍珊,范燕妮,伍灵芝
6	浙江省	义乌工商职业技术学院	张怡超,徐宇微,周欣怡
7	山东省	淄博职业学院	申梦,李乐怡,王亚坤
8	广东省	深圳信息职业技术学院	罗妮,卢丽妹,吴佳慧
9	四川省	广安职业技术学院	马丹,邱锐,赵金堂
10	福建省	福建水利电力职业技术学院	阮雨娴,许立杰,李泽彬
11	河南省	河南职业技术学院	王圣博,陈金龙,付智珂

图 1–3–7　部分数据的截图

三、处理数据

根据数据可视化的目的，需对数据格式进行处理。

首先，删除获奖选手的“姓名”“指导教师”列；其次，添加“获奖等级”“加权赋分”列；最后，按等级赋分（一等奖赋 4 分，二等奖赋 3 分，三等奖赋 2 分），填充赋分列的积分，最后效果见表 1–3–1。

表 1–3–1　商务数据分析赛项获奖情况表

序号	代表队	学校	获奖等级	加权赋分
1	山东省	山东商业职业技术学院	一等奖	4
2	甘肃省	兰州资源环境职业技术大学	一等奖	4
3	山西省	山西省财政税务专科学校	一等奖	4
4	江苏省	江苏经贸职业技术学院	一等奖	4
5	安徽省	芜湖职业技术学院	一等奖	4
6	重庆市	重庆财经职业学院	一等奖	4
7	安徽省	安徽财贸职业学院	一等奖	4
8	江西省	江西外语外贸职业学院	一等奖	4
9	浙江省	金华职业技术学院	二等奖	3

续表

序号	代表队	学校	获奖等级	加权赋分
10	湖南省	湖南商务职业技术学院	二等奖	3
11	天津市	天津现代职业技术学院	二等奖	3
12	湖北省	武汉船舶职业技术学院	二等奖	3
13	四川省	四川财经职业学院	二等奖	3
14	浙江省	义乌工商职业技术学院	二等奖	3
15	山东省	淄博职业学院	二等奖	3
16	广东省	深圳信息职业技术学院	二等奖	3
17	四川省	广安职业技术学院	二等奖	3
18	福建省	福建水利电力职业技术学院	二等奖	3
19	河南省	河南职业技术学院	二等奖	3
20	山东省	山东畜牧兽医职业学院	二等奖	3
21	山东省	山东水利职业学院	二等奖	3
22	湖南省	湖南现代物流职业技术学院	二等奖	3
23	湖南省	长沙民政职业技术学院	二等奖	3
24	湖北省	武汉职业技术学院	二等奖	3
25	福建省	厦门城市职业学院	三等奖	2
26	湖北省	长江职业学院	三等奖	2
27	河南省	郑州财税金融职业学院	三等奖	2
28	广东省	中山职业技术学院	三等奖	2
29	江西省	江西旅游商贸职业学院	三等奖	2
30	重庆市	重庆建筑科技职业学院	三等奖	2
31	河南省	济源职业技术学院	三等奖	2
32	四川省	四川工商职业技术学院	三等奖	2
33	上海市	上海行健职业学院	三等奖	2
34	北京市	北京工业职业技术学院	三等奖	2
35	江苏省	苏州市职业大学	三等奖	2
36	浙江省	浙江工商职业技术学院	三等奖	2
37	江西省	江西财经职业学院	三等奖	2
38	福建省	闽西职业技术学院	三等奖	2
39	广东省	深圳职业技术学院	三等奖	2
40	江西省	江西应用技术职业学院	三等奖	2
41	安徽省	六安职业技术学院	三等奖	2
42	辽宁省	辽宁经济职业技术学院	三等奖	2
43	安徽省	安徽商贸职业技术学院	三等奖	2
44	宁夏回族自治区	宁夏职业技术学院	三等奖	2
45	陕西省	陕西工业职业技术学院	三等奖	2
46	天津市	天津滨海职业学院	三等奖	2
47	广西壮族自治区	柳州城市职业学院	三等奖	2
48	广东省	广东财贸职业学院	三等奖	2

四、分析数据

（1）创建数据透视表。全选数据区域，单击"插入"选项卡下的"数据透视表"按钮，在弹出的对话框中选择默认值，单击"确定"按钮。

（2）设置透视表的数据区域。将"代表队"字段拖到"行"区域，"获奖等级"字段拖到"列"区域，"加权赋分"字段拖到"值"区域，此时，可看到数据透视表的效果如图 1-3-8 所示。

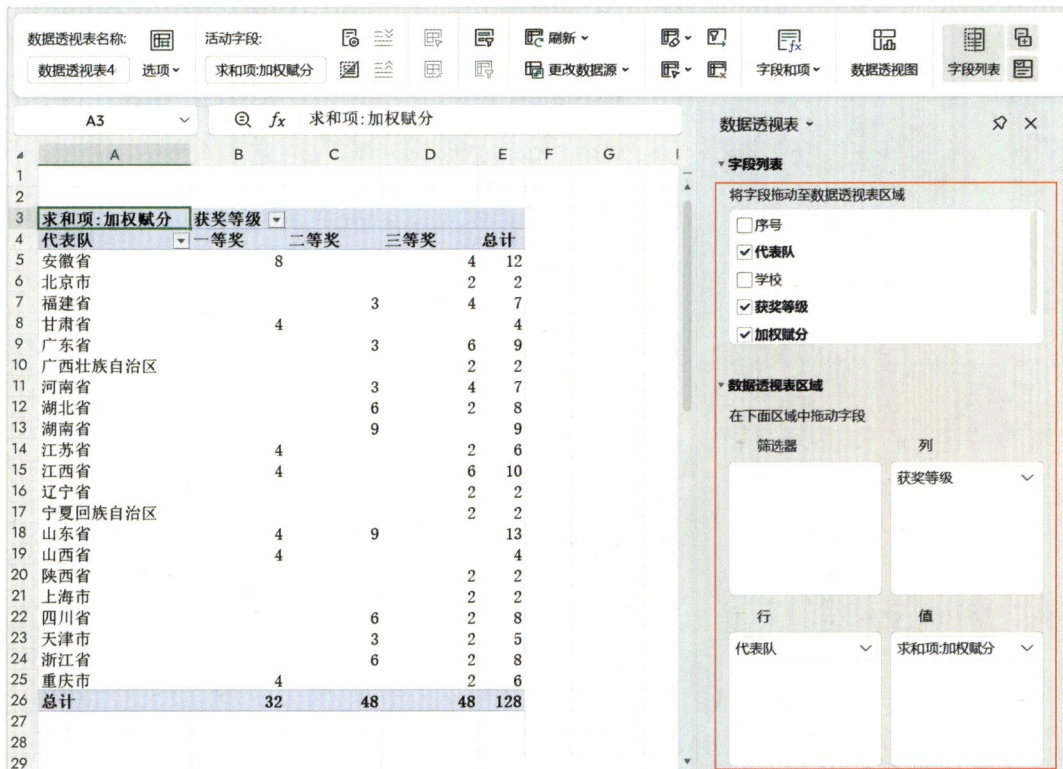

图 1-3-8　设置数据透视表的数据区域

（3）排序总计数据。选择"总计"列下的任何一个数据单元格，右击鼠标，执行"排序→降序"菜单命令，如图 1-3-9 所示。

（4）查看分析后的数据。可以看到按获奖积分从高到低排序了各列，如图 1-3-10 所示。

五、创建数据可视化图表

（1）创建数据透视图。选中数据透视表的任意单元格，单击"插入"选项卡下的"数据透视图"按钮，弹出如图 1-3-11 所示的"图表"对话框。该对话框的左侧显示图表大类，右侧显示所选图表大类的细分图表类型和预览效果。

	3	4	2 2 7		
4	3	6		复制(C)	Ctrl+C
	3		2 4	设置单元格格式(F)...	Ctrl+1
	3 6 9	2		数字格式(T)...	
4		2		刷新(R)	
4		6 2 2			
		2		排序(S)	>
4	9			✕ 删除"求和项:加权赋分"(V)	
4				值汇总依据(M)	>
		2 2		值显示方式(A)	>
	6	2			
	3	2		显示详细信息(E)	
	6	2			
4		2		值字段设置(N)...	
32	48	48 1		数据透视表选项(O)...	
				隐藏字段列表(D)	

排序子菜单：升序(S)、降序(O)、其他排序选项(M)...

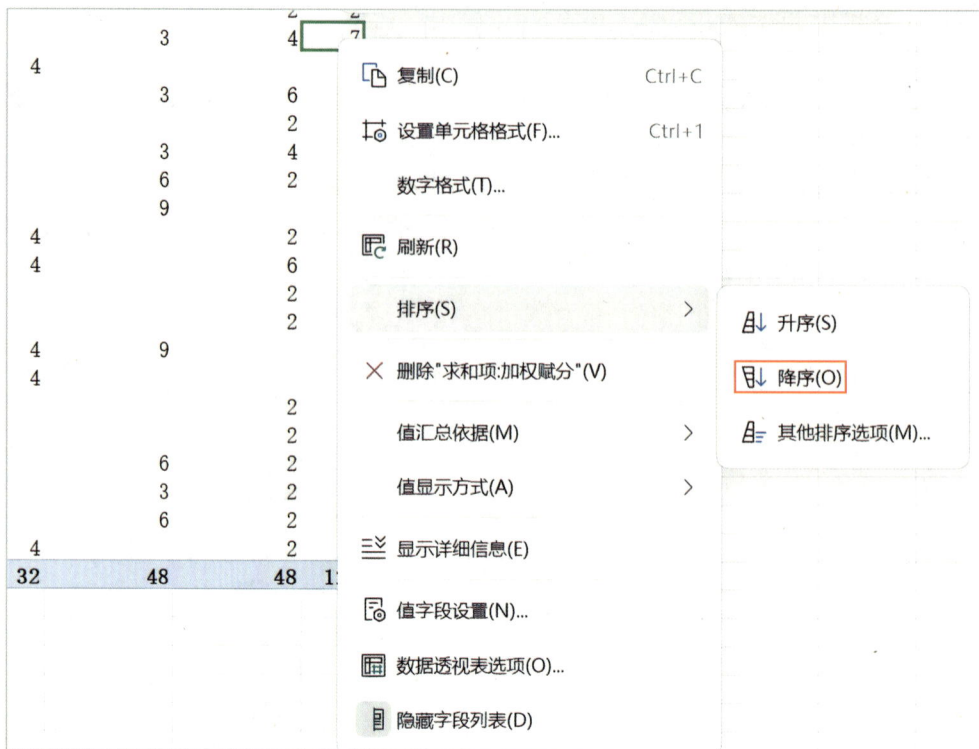

图 1-3-9　获奖积分降序排序

代表队	一等奖	二等奖	三等奖	总计
山东省		4	9	13
安徽省	8		4	12
江西省	4		6	10
湖南省		9		9
广东省		3	6	9
浙江省		6	2	8
四川省		6	2	8
湖北省		6	2	8
河南省		3	4	7
福建省		3	4	7
重庆市	4		2	6
江苏省	4		2	6
天津市		3	2	5
山西省	4			4
甘肃省	4			4
上海市			2	2
陕西省			2	2
宁夏回族自治区			2	2
辽宁省			2	2
广西壮族自治区			2	2
北京市			2	2
总计	32	48	48	128

图 1-3-10　按获奖积分排序后的效果

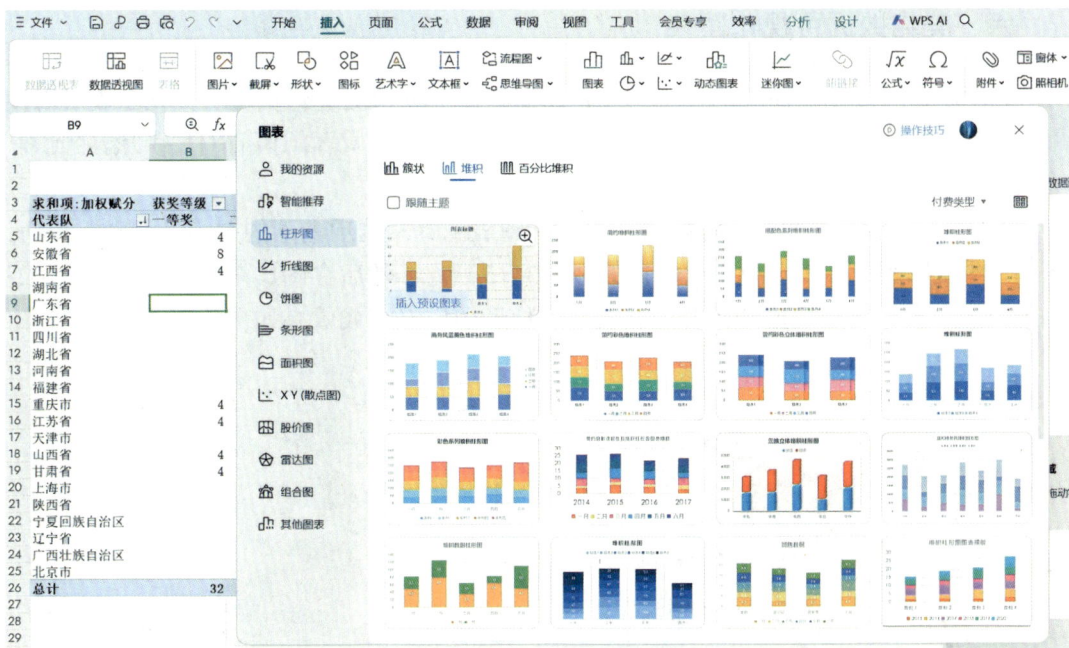

图 1-3-11　"图表"对话框

（2）选择数据透视图模板。根据可视化的目的，比较各省（区、市）在技能大赛中的综合实力和获奖等级情况，因此，选择"柱形图／堆积"比较适合。如双击此类模板的第一个模板图，应用后的效果如图 1-3-12 所示。

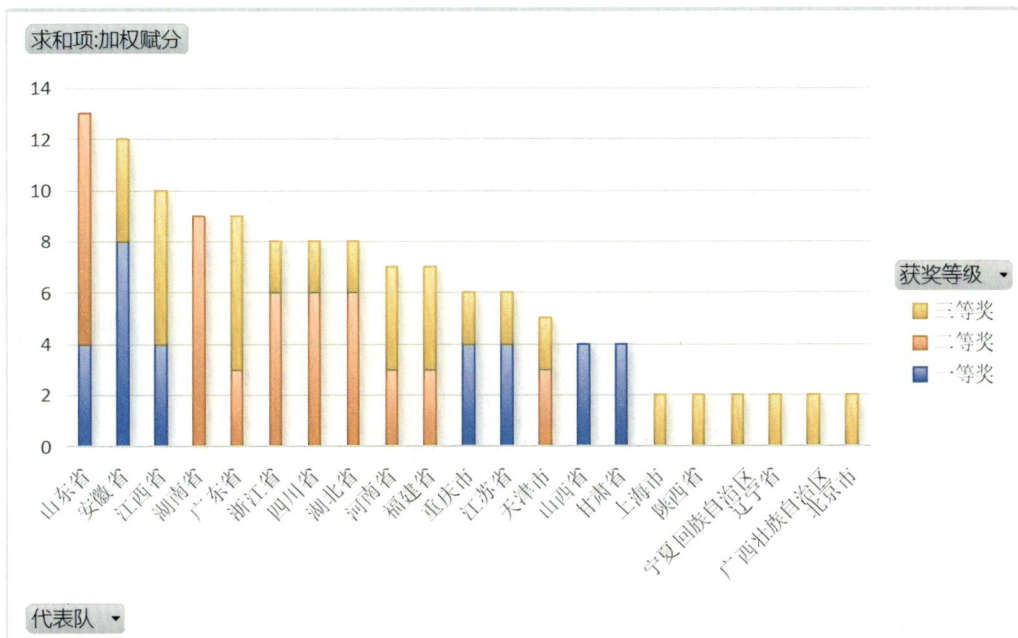

图 1-3-12　堆积柱形图初始效果

六、美化数据可视化图表

利用模板只能创建简单的基本图表，还需根据实际情况进行美化。美化图表可以使用"图表工具"选项卡下的快速样式，也可以使用"快速布局"，还可以使用"添加元素"等快捷按钮。

（1）添加图表标题。选择图表，单击"图表工具"选项卡下的"添加元素"按钮，选择"图表标题→图表上方"命令，如图 1-3-13 所示，然后在图形对应位置输入"2023年全国技能大赛商务数据分析赛项获奖省市柱形图"，完成效果如图 1-3-14 所示。

图 1-3-13　选择"图表标题"命令

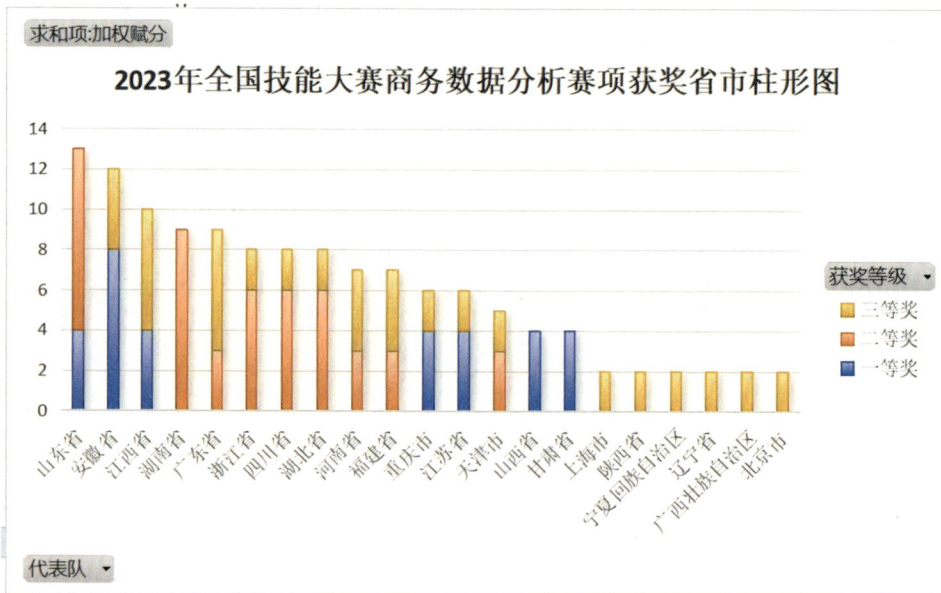

图 1-3-14　添加图表标题效果

（2）添加数据标签。选择图表，单击"图表工具"选项卡下的"添加元素"按钮，选择"数据标签→居中"命令，可看到在每个条形图中显示了积分数据，如图1-3-15所示。

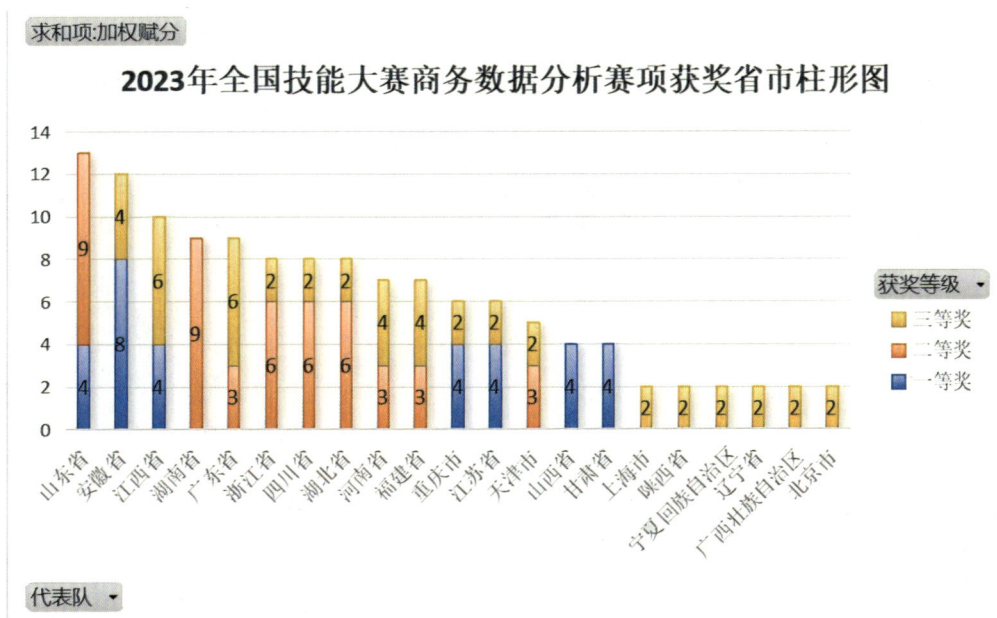

图 1-3-15 添加图表的数据标签

（3）美化横坐标轴。双击图表中的横坐标轴，在"属性"对话框中设置"坐标轴选项"中"大小与属性"下的"对齐方式"的"文字方向"为"竖排"，如图1-3-16所示。可看到省份名称变成如图1-3-17所示的竖排效果。

（4）统一图表字体。设置坐标轴文字、图例文字、标题文字和标签文字的字体为"微软雅黑"，字号不变，最终效果如图1-3-6所示。

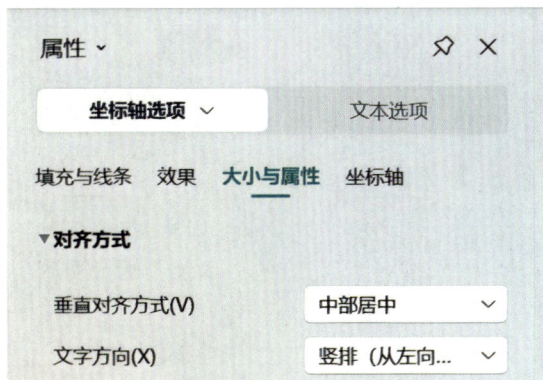

图 1-3-16 设置坐标轴文字方向

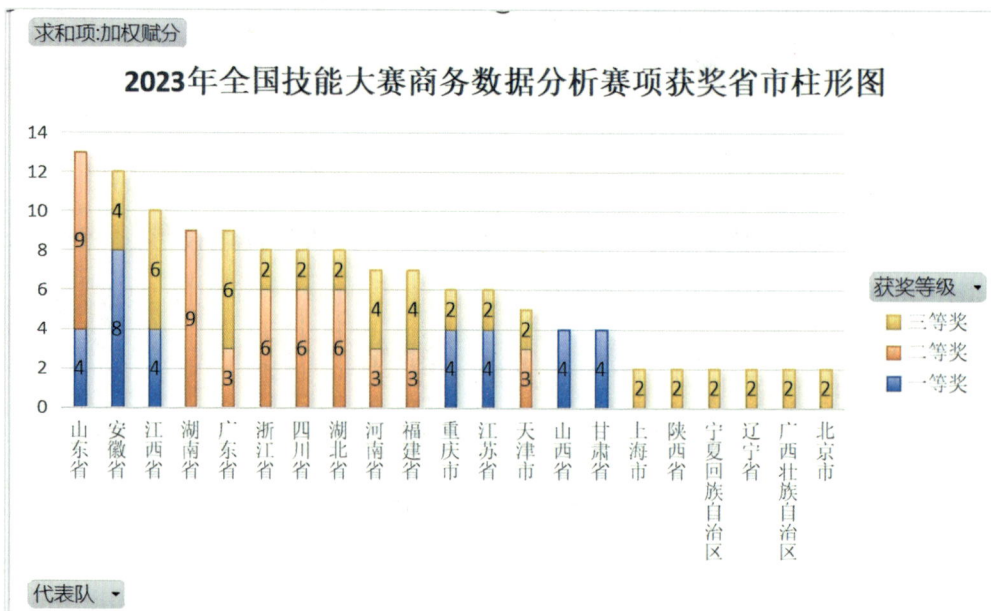

图 1-3-17　美化坐标轴文字效果

实 践 真 知

　　选择数据图表，观察右上角的"图表元素""图表样式"和"图表选项"快捷按钮，单击这些按钮，继续美化图表的颜色、背景填充等，参考效果如图 1-3-18 所示。

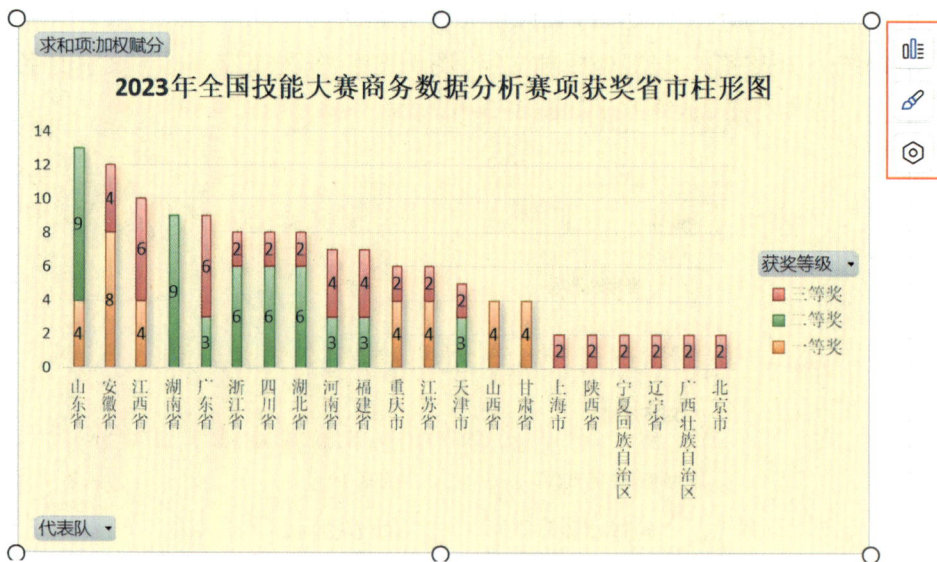

图 1-3-18　填充背景、改变图形

七、数据动态展示

在数据透视图中保留了透视表的行、列筛选功能，能轻松实现动态的个性化数据展示。

（1）单行数据可视化展示。如单独显示某省的获奖情况，可在透视图左下角"代表队"字段中选择省份，如选择"重庆市"，透视图将变成如图 1-3-19 所示效果。

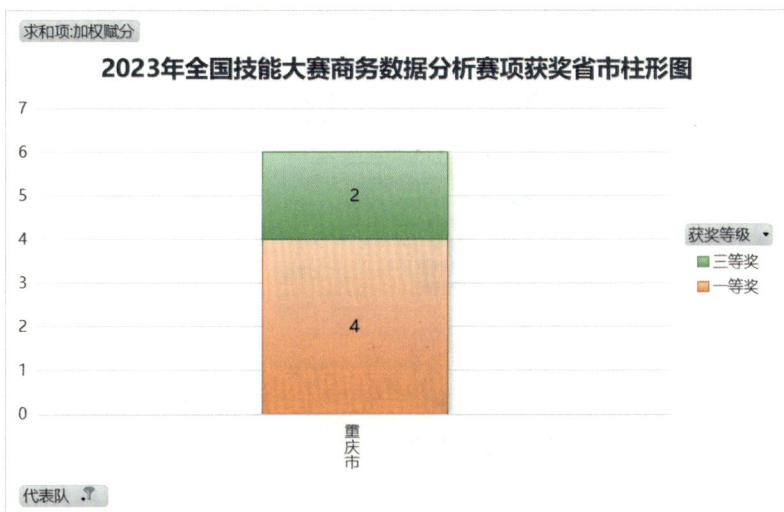

图 1-3-19　单独查看某省的获奖情况

（2）单列数据可视化展示。如查看一等奖分布的省份，可在透视图的右边"获奖等级"字段中选择"一等奖"，效果如图 1-3-20 所示。

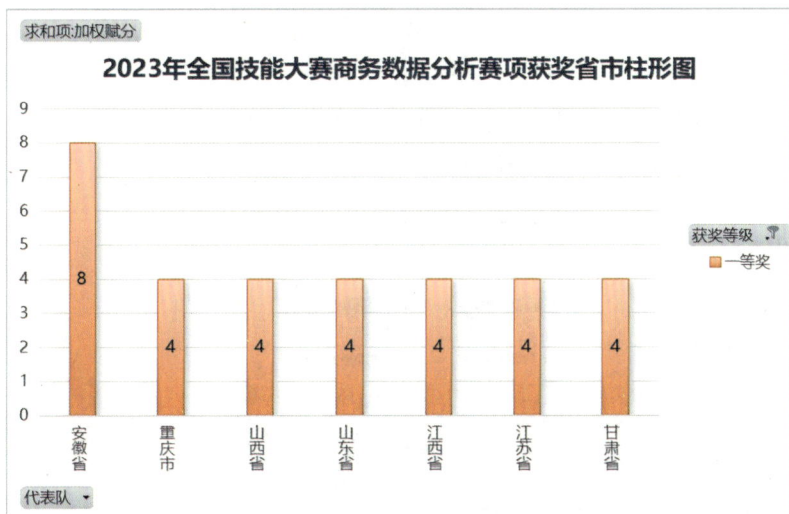

图 1-3-20　查看一等奖分布情况

实 践 真 知

将本任务的柱形图更改为条形堆积图，参考效果如图 1-3-21 所示。

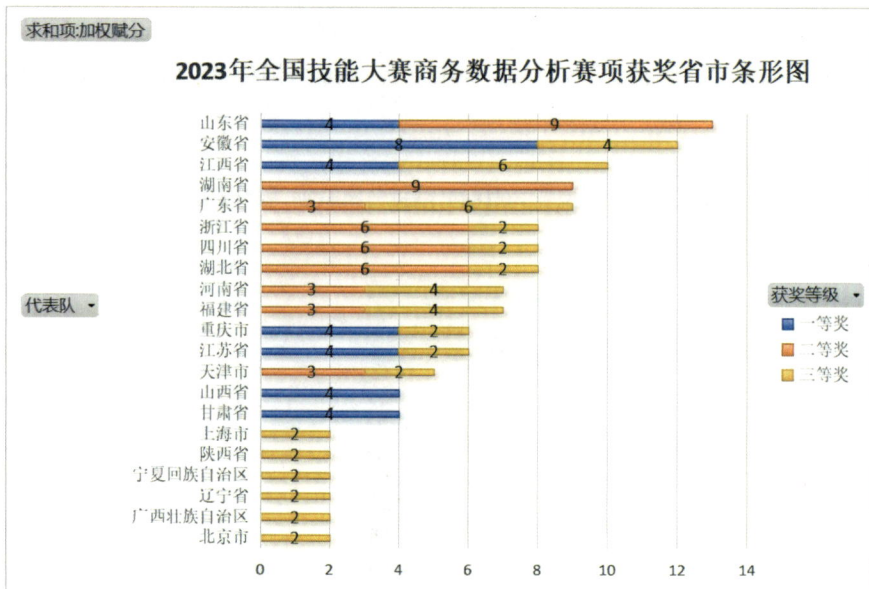

图 1-3-21　商务数据分析大赛获奖省市条形图

写出完成上述图形的操作步骤。

_____

八、图表的保存与分享

（1）保存源文件。在 WPS 表格中，按快捷键"Ctrl+S"即可保存数据可视化的数据源及文件。

（2）分享数据可视化文件。执行"文件→输出到 PDF"菜单命令，在弹出的对话框中设置 PDF 文件的保存路径、输出范围、输出选项和权限等内容，如图 1-3-22 所示。

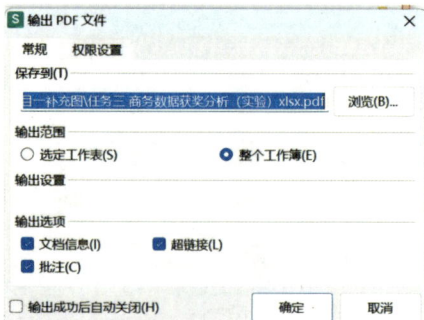

图 1-3-22　"输出 PDF 文件"对话框

检 查

一、填空题

1. 数据可视化流程以_____为主线，大致可分为确定目标、_____、处理数据、分析数据、统计数据、_____几步。

2. 优秀的数据指标应该具有_____、简单易懂、一个比率和能_____等特征。

3. WPS 表格中的_____是一种交互式表格，主要用于数据的汇总、分析、统计和可视化。

4. 数据透视表由_____、行、列和_____四大区域组成。

二、选择题

1. 在 WPS 表格中，选择透视图时的功能是（　　　　）。

    A. 设置图表样式　　　　　　　　B. 添加图表元素

    C. 设置图表区域格式　　　　　　D. 更改图表类型

2. 数据透视表（　　　）区域中的字段一般是可以运算的类型。

    A. 筛选　　　　　　B. 行　　　　　　C. 列　　　　　　　　D. 值

3. 下列不能充当数据透视表的数据源的是（　　　　）。

    A.xls 文件　　　　　　B.txt 文件　　　　C.Access 数据库　　　　　D.jpg 文件

三、判断题

1. 数据可视化的每一步都相对独立，可根据条件随意选择。　　　　　（　　　）

2. 可视化数据指标能随便指定，最后能反映业务特征。　　　　　　　（　　　）

3. 数据透视表在提高数据生成效率、实现 Excel 多样化功能、增强人机交互体验，以及支持多角度数据分析等方面具有显著优势。　　　　　　　　　　（　　　）

4. 数据透视表不仅具备 WPS 表格的基础功能，还融合了复杂的计算和函数应用。

    （　　　）

5. 为追求个性化，图表中的文字最好是多样性的。　　　　　　　　　（　　　）

6. 图表只需展示数据即可，可以不要图例。　　　　　　　　　　　　（　　　）

7. 要确保数据透视表的各项功能正常使用，数据源的数据区域不能出现合并单元格。

    （　　　）

8. 数据透视表的数据源表可包含总计行和总计列，方便设计者查看。　（　　　）

四、实战题

将本任务中的获奖数据统计表，制作成如图 1-3-23 所示的圆环图。

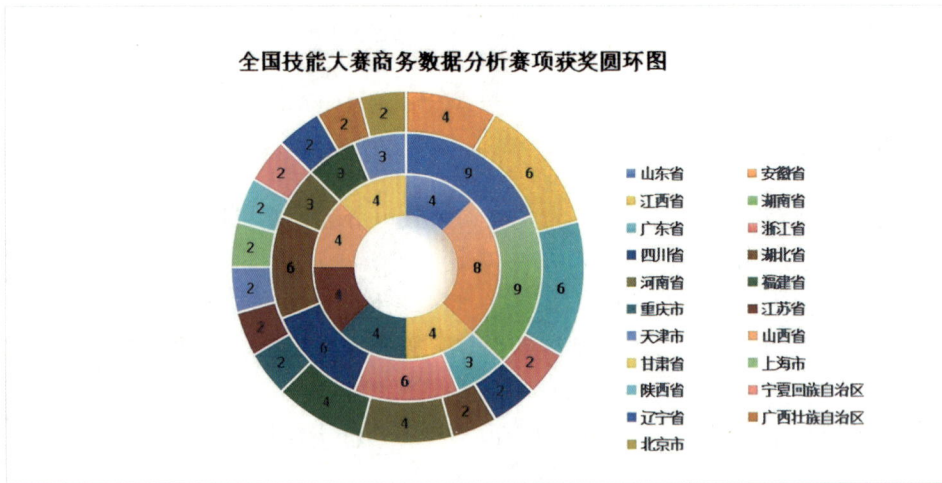

图 1-3-23　技能大赛获奖圆环图

在图 1-3-20 所示的圆环图中，由内向外三层圆环分别代表_____、_____、____；各圆环上的数字代表_____ 的加权赋分，_____代表获奖代表队。

评　价

序号	评价内容	识记	理解	应用	分析	评价	创造	问题
1	数据可视化的流程	√						
2	可视化数据指标		√					
3	通过数据透视表分析数据			√				
4	创建可视化图表						√	
5	美化图表				√			
6	制作简单动态图表					√		
7	可视化图表的保存与分享			√				
教师诊断评语：								

项目二

打造零售业数据可视化图表

在零售行业，琳琅满目的商品、千差万别的价格以及瞬息变化的销售数据共同编织了经营的纷繁故事。如何生动且清晰地展现这些浩瀚繁杂的商业数据，使得销售额、库存量以及客户购买特性一目了然呢？答案便是图表，它是最直观且易于理解的表达方式之一。

立新科技有限公司最近受欣欣连锁便利店之托，通过数据分析找出其业绩下滑的原因，小杨所在的数据可视化团队被赋予了重任，为完成这项任务。他们需要掌握以下关键知识和技能。

◆ 熟悉并掌握衡量零售业销售数据的关键指标，能制作反映零售业整体销售情况的图表

◆ 了解库存管理的各项指标及其计算公式，能运用可视化图表技术，有效监测并评估库存状态

◆ 理解零售业用户行为指标及其计算方法，能熟练运用图表工具，展示并深入分析用户的购买行为

任务一　呈现整体销售数据图景

资 讯

--- 任务描述：

　　欣欣连锁便利店主要销售休闲零食，分店遍布城乡各地，长期以来凭借丰富的产品线和优质的服务赢得了消费者的青睐。然而，随着零售行业的变革和消费者行为的变化，欣欣连锁便利店也面临着销售额和利润下滑的挑战。为了应对这一挑战，便利店管理层决定通过数字化转型，优化组织架构，以期提升组织效能和市场竞争力。

　　为实现这一目标，欣欣连锁便利店委托了立新公司对其一周的销售额和利润数据进行深度分析和可视化展示，小杨所在的团队负责完成这项工作，为此需要具备以下关键知识和技能：

　　①了解零售业的整体销售数据指标及功能，能选择评价便利店整体销售数据的指标；

　　②了解数据清洗和分析方法，能利用表格对数据进行深度清洗，多角度、多层次分析；

　　③掌握折线图、组合图的基本操作方法，能灵活选择和应用柱形—折线图、旋风图和组合图制作整体销售数据图景。

--- 知识准备：

一、我国零售业的发展历程

　　零售业是指通过买卖形式将工农业生产者生产的产品直接售给居民作为生活消费用或售给社会集团供公共消费用的商品销售行业。常见的百货商店、超级市场、连锁商店等都是零售业的基本载体。我国零售业的发展经历了多个阶段，从计划经济时期到电子商务时代，其发展历程可以大致分为以下几个阶段：

　　（1）计划经济时期（1949—1978 年）：国家通过计划经济的方式来调节商品供需关系，零售业主要起到分配商品的作用。

　　（2）改革开放初期（1978—1992 年）：国家允许个体户经营，出现了小商贩、集贸市场等形式的零售业，此时的零售业还处于低水平、分散和无序竞争状态。

　　（3）建立现代零售体系时代（1992—2001 年）：大型商超开始在城市中兴起，零售业开始形成规模化、集约化经营模式，连锁化程度不断加深。

　　（4）电子商务时代（2001 年至今）： 随着互联网的普及，电子商务迅速崛起，对传统零售业产生了重大冲击。国家开始推动跨境电商、新零售等业态的发展，将互联网技术与零售业深度融合，推动零售业的数字化、智能化和精细化发展。

二、零售业的整体销售数据指标

反映零售企业经营状况的指标通常有销售额、销售增长率、销售利润率等，基本含义见表 2-1-1。

表 2-1-1　零售企业经营状况的指标

指标名称	指标描述
销售额	企业在一定时期内的销售总额
销售增长率	销售额的增长速度，通常以百分比表示
销售利润率	销售利润占销售额的比例，通常以百分比表示
同比增长率	指本期和上一年同期相比较的增长率，计算公式：同比增长率 =（本期数—同期数）/ 同期数 ×100%
环比增长率	指本期和上期相比较的增长率，计算公式：环比增长率 =（本期数—上期数）/ 上期数 ×100%
客户满意度	客户对零售企业的满意度，通常通过调查问卷或评分系统获得

三、数据透视表的"分析"选项卡

数据透视表的"分析"选项卡中主要包含9个功能组，分别是数据透视表、活动字段、分组、筛选、数据、操作、计算、工具和显示，如图 2-1-1 所示，具体功能见表 2-1-2。

图 2-1-1　数据透视表的"分析"选项卡

表 2-1-2　"分析"选项卡功能介绍

功能组	按钮名称 / 命令	功能介绍
数据透视表	选项	打开"数据透视表选项"对话框
	显示报表筛选页	创建一系列链接在一起的报表，每张报表中显示筛选页字段中的一项
活动字段	展开字段	展开活动字段的所有项
	折叠字段	折叠活动字段的所有项
	字段设置	打开"字段设置"对话框
	隐藏	隐藏选定的字段
分组	组选择	对数据透视表进行手动分组
	取消组合	取消数据透视表组合项
筛选	插入切片器	使用切片器快速且轻松地筛选表、数据透视表和数据透视图等
	插入日程表	使用日程表控件以交互方式筛选数据
	筛选器连接	管理数据透视表连接的筛选器

续表

功能组	按钮名称 / 命令	功能介绍
数据	刷新	重新计算数据透视表
	更改数据源	更改数据透视表的原始数据区域及外部数据的连接属性
操作	清除	清除字段、格式和筛选器
	选择	选择一个数据透视表元素
	移动	将数据透视表移动到工作簿中的其他位置
	删除	删除选定的数据透视表
计算	字段和项	可按字段、公式进行计算，生成新的计算字段
工具	数据透视图	插入与此数据透视表中的数据绑定的数据透视图
	推荐的数据透视表	可获取系统认为最合适的一组自定义数据透视表
显示	字段列表	显示或隐藏"数据透视表字段"窗格
	+/- 按钮	展开或折叠数据透视表的项目
	字段标题	显示或隐藏数据透视表行、列的字段标题

四、柱形图和条形图

柱形图和条形图常用于展示数据的变化趋势或者比较大小的场景，但这两种图形还存在以下差异，见表 2-1-3。

表 2-1-3　柱形图和条形图的差异

项目	柱形图	条形图
表现形式	纵向	横向
适用场景	横轴为量化数据（如时间、数量等）的场景	数据类别名称较长或需要强调类别比较和排序的场景
排版布局	占用页面空间大	占用页面空间小
数据表达	展示数据的变化趋势	侧重于比较不同类别在同一项目上的差异
图表协同	能与折线图轻松组合表达更多信息	难与其他图表组合

在 WPS 表格中，柱形图和条形图还可分为簇状、堆积和百分比堆积 3 种子图，如图 2-1-2 和图 2-1-3 所示。

图 2-1-2　柱形图子图种类

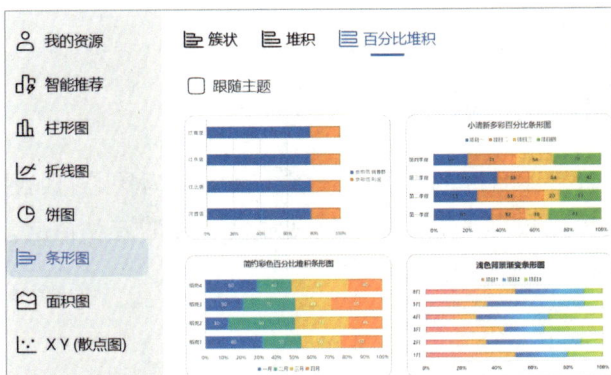

图 2-1-3　条形图子图种类

岗 证 须 知

　　要获得商务数据分析师四级证书，要求从事数据分析和可视化的人员具备商品分类知识、销售知识，能选取商务行业评价指标，制作数据可视化图表，并将图表组成数据大屏展示。

计划&决策

　　为了深入了解欣欣连锁便利店的经营状况，小杨计划以周为时间单位进行详细分析。他首先锁定销售额和利润这两个关键指标，然后从门店、商品类别和每日销售三个维度深入剖析这两个指标的表现。在完成数据分析后，他计划采用柱形图、创意条形图（旋风图）以及柱形—折线组合图等图表直观地展示分析结果，并将这些图表制作成如图 2-1-4 所示的数据大屏，帮助便利店管理层发现问题、挖掘潜在机会。

图 2-1-4　休闲零食整体销售数据图

实　施

一、确定数据可视化指标

反映零售企业经营整体状况的指标有很多，其中最为核心且常用的是销售额和利润。时间维度上常用环比数据来展现企业近期经营状况的波动情况，用同比数据来分析企业长期经营趋势和周期性变化。

二、处理数据

（1）打开数据源。启动 WPS 表格，从配套素材中打开"欣欣便利店一周销售数据 .xlsx"工作簿文件。

（2）浏览数据源。浏览数据，本周库存数据表有 342 条记录、7 个字段；本周销售数据表有 4 134 条记录、13 个字段。数据源截图如图 2-1-5 所示。

	A	B	C	D	E	F	G	H	I
1	门店	收银台号	订单日期	客户编号	支付方式	商品类别	商品ID	商品名称	订单数量
2	江东店	1016	2023/9/26	3409	支付宝	饮料	23850	娃哈哈冰糖雪梨（500ml/瓶）	1
3	江北店	1009	2023/9/25	1538	微信	饮料	23850	娃哈哈冰糖雪梨（500ml/瓶）	1
4	江东店	1013	2023/9/24	2478	支付宝	饮料	27456	可口可乐	1
5	江北店	1007	2023/9/25	3033	微信	饮料	27456	可口可乐	1
6	江南店	1021	2023/9/28	1774	微信	饮料	27457	雪碧	1
7	江东店	1014	2023/9/24	1012	现金	饮料	27457	雪碧	2
8	江南店	1018	2023/9/25	3054	微信	饮料	27872	农夫果汁	1
9	江南店	1020	2023/9/24	2018	微信	饮料	27872	农夫果汁	1
10	江南店	1023	2023/9/30	2371	支付宝	饮料	28608	美汁源果粒橙（450ml/瓶）	4
11	江南店	1019	2023/9/24	3749	微信	饮料	28608	美汁源果粒橙（450ml/瓶）	1
12	江南店	1021	2023/9/27	2932	微信	牛奶	29271	安慕燕麦黄桃酸奶	1
13	江南店	1021	2023/9/28	3673	支付宝	牛奶	29271	安慕燕麦黄桃酸奶	1
14	江东店	1013	2023/9/29	2706	现金	牛奶	29297	哇哈哈AD钙奶	1
15	江北店	1008	2023/9/25	2861	现金	牛奶	29297	哇哈哈AD钙奶	1
16	河西店	1001	2023/9/26	1551	现金	膨化食品	30085	百世随心卷（160g/袋）	1
17	江北店	1007	2023/9/24	1630	支付宝	饮料	32236	七喜（500ml）	1
18	江北店	1006	2023/9/27	1570	现金	饮料	22944	脉动	1
19	河西店	1003	2023/9/28	3578	微信	饮料	27963	农夫茶 π	1
20	江东店	1014	2023/9/28	1394	微信	饮料	27963	农夫茶 π	1
21	江东店	1015	2023/9/26	2718	微信	饮料	28608	美汁源果粒橙（450ml/瓶）	2
22	江东店	1017	2023/9/29	2765	微信	饮料	31024	王老吉（500ml/瓶）	3
23	江南店	1022	2023/9/26	2221	支付宝	饮料	27457	雪碧	2
24	江东店	1012	2023/9/24	3254	现金	饮料	27872	农夫果汁	1
25	江南店	1019	2023/9/28	2336	微信	饮料	27872	农夫果汁	1

图 2-1-5　数据源截图

（3）处理异常数据。通过查重、查找和观察，本数据源无空值、漏值、重复值、负值等异常数据。

三、分析数据

1. 计算销售额和销售额环比增长率

销售额环比增长率为正数，表示本期销售额比上一期增长了；如果是负数，则表示本期销售额比上一期下降了。

销售额环比增长率由于采用基期的不同，可分为日环比、周环比、月环比和年环比。本任务中使用日环比计算每日销售额环比增长率，来深度分析欣欣连锁便利店国庆前 1 周的销售情况。

（1）创建日销售额透视表。选择"本周销售数据"工作表的所有单元格，单击"插入"选项卡下的"数据透视表"按钮，在出现的对话框中选择"新工作表"，单击"确定"按钮，即可创建一个空的数据透视表。

（2）布局透视表区域。将生成的工作表命名为"日销售额透视表"，将"订单日期"字段拖到"行"区域，"销售额"字段拖到"值"区域，并设置"销售额"为"求和"的汇总方式。数据透视表字段布局及效果如图 2-1-6 所示。

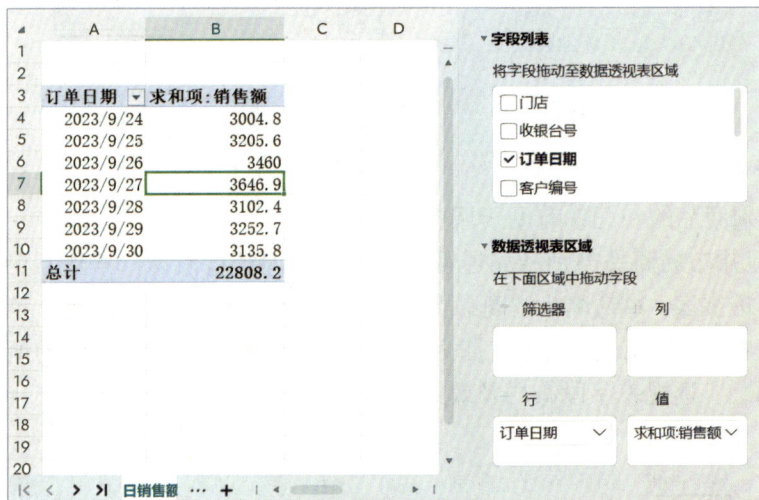

图 2-1-6　字段布局

（3）提取透视表数据。选择 A3:B10 单元格区域，执行"复制"命令，选择 D2 单元格，执行"粘贴"命令，将透视表数据提取到 D2:E10 单元格区域，然后修改"求和项：销售额"为"日销售额"，添加"销售额环比"列，如图 2-1-7 所示。

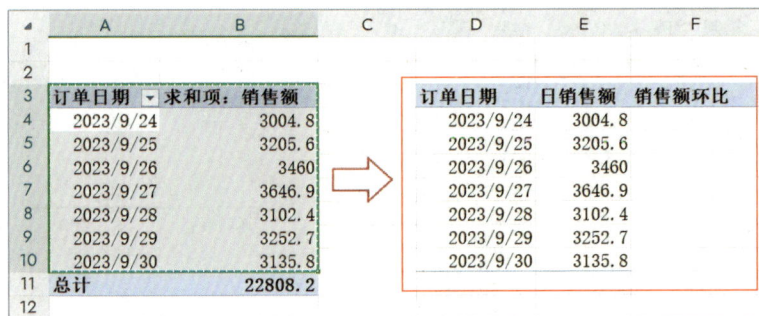

图 2-1-7　提取数据

（4）计算销售额环比增长率。选择 F5 单元格，输入"=(E5-E4)/E4"计算 2023 年9 月 25 日的销售环比增长率，并设置显示格式为"百分比"，保留 2 位小数。按相同的方法，计算后面 6 天的销售环比增长率，效果如图 2-1-8 所示。

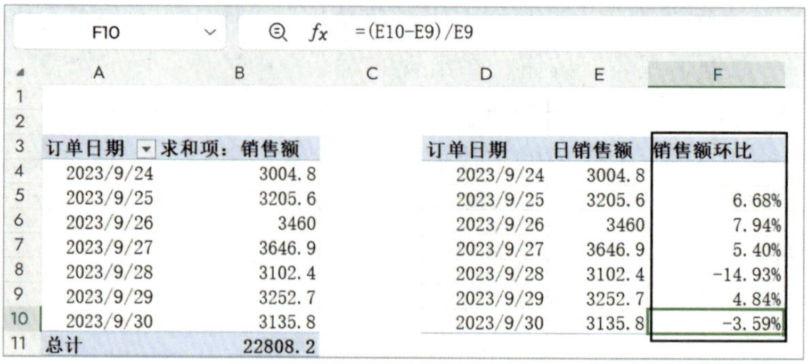

F10 =(E10-E9)/E9

订单日期	求和项：销售额
2023/9/24	3004.8
2023/9/25	3205.6
2023/9/26	3460
2023/9/27	3646.9
2023/9/28	3102.4
2023/9/29	3252.7
2023/9/30	3135.8
总计	22808.2

订单日期	日销售额	销售额环比
2023/9/24	3004.8	
2023/9/25	3205.6	6.68%
2023/9/26	3460	7.94%
2023/9/27	3646.9	5.40%
2023/9/28	3102.4	-14.93%
2023/9/29	3252.7	4.84%
2023/9/30	3135.8	-3.59%

图 2-1-8 计算销售环比增长率

2. 计算各类别商品的利润

分析各类别商品的利润，有助于调整进货策略。

（1）创建并布局商品类别利润透视表。以“本周销售数据”工作表为数据源创建一个空的数据透视表，重命名为“商品类别利润”，然后将“商品类别”字段拖到“行”区域，“销售额”和“成本金额”字段拖到“值”区域，并设置列区的所有字段汇总方式为“求和”，透视表字段布局及效果如图 2-1-9 所示。

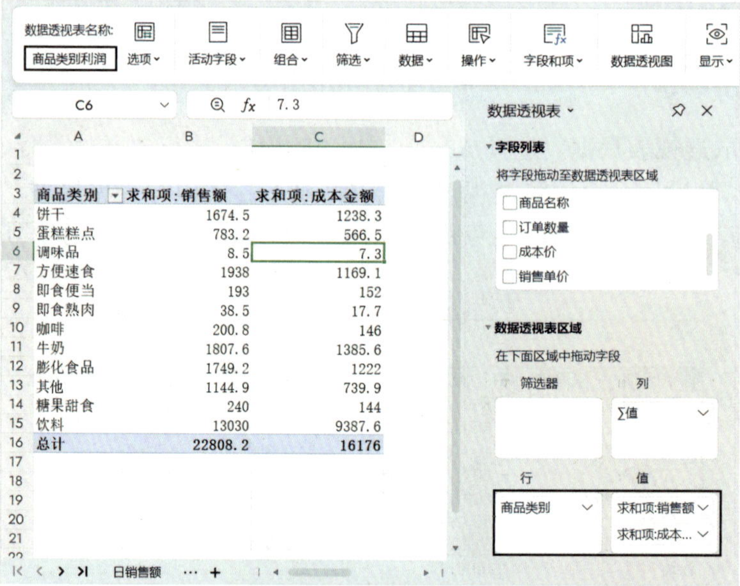

商品类别	求和项:销售额	求和项:成本金额
饼干	1674.5	1238.3
蛋糕糕点	783.2	566.5
调味品	8.5	7.3
方便速食	1938	1169.1
即食便当	193	152
即食熟肉	38.5	17.7
咖啡	200.8	146
牛奶	1807.6	1385.6
膨化食品	1749.2	1222
其他	1144.9	739.9
糖果甜食	240	144
饮料	13030	9387.6
总计	22808.2	16176

图 2-1-9 商品类别利润透视表及布局

（2）计算商品类别利润值。单击“分析”选项卡下的“字段和项”按钮，选择“计算字段”，如图 2-1-10 所示，在弹出的“插入计算字段”对话框中输入如图 2-1-11 所示的名称和公式，单击“确定”按钮后，将在透视表中自动新增“求和项：利润”列，如图 2-1-12 所示。

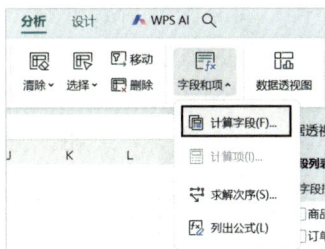

图 2-1-10　选择"计算字段"

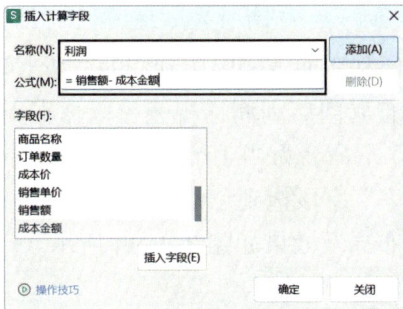

图 2-1-11　"插入计算字段"对话框

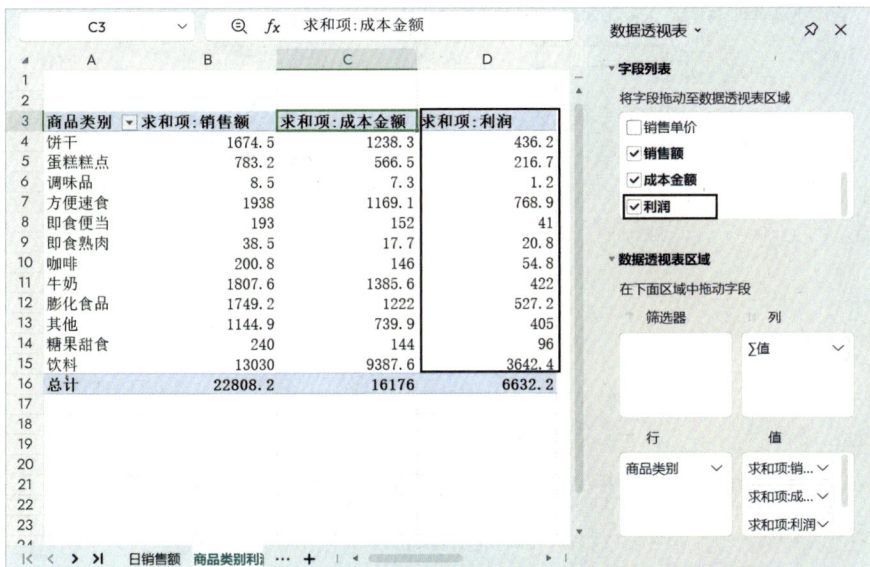

图 2-1-12　插入"求和项：利润"列

实 践 真 知

（1）观察数据源"本周销售数据"工作表，其中的列是否有"利润"字段？

（2）观察数据透视表，其中的字段列表是否有"利润"字段？

（3）参考利润的计算方法，计算商品类别的"利润率"（利润率＝利润／销售额），参考效果如图 2-1-13 所示。

图 2-1-13　商品类别的利润率

3.计算各门店的销售额、利润和利润率

对连锁便利店而言，门店利润的分析对资金投入、人员安排、商品调配至关重要。

创建并布局门店利润透视表。以"本周销售数据"工作表为数据源创建一个空的数据透视表，重命名为"门店利润"，然后将"门店"字段拖到"行"区域，"销售额""利润""利润率"字段拖到"值"区域，并设置列区域的所有字段汇总方式为"求和"，透视表字段布局及效果如图2-1-14所示。

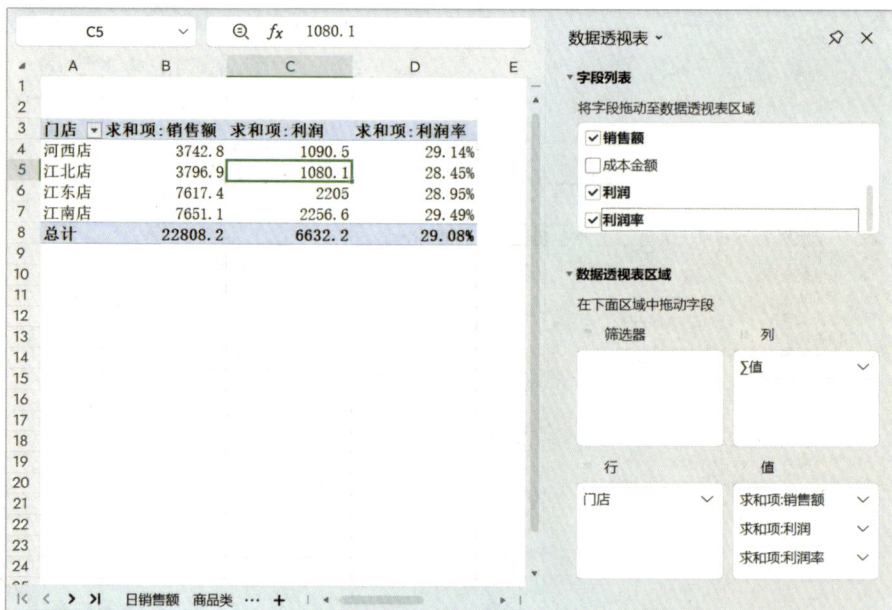

图 2-1-14　各门店的销售额、利润和利润率

想一想：计算字段"利润"和"利润率"为什么会出现在新的透视表中？

四、制作图表

1.绘制"簇状柱形—次轴折线图"展示销售额和销售额环比增长率

（1）选择图表。在单一图表中同时展示多个数据指标变化趋势，常用柱形—折线组合图表，因为柱状图和折线图能展示不同类型的数据变化。

（2）创建图表。选择"日销售额"工作表的D3:F10单元格区域。单击"插入"选项卡下的"图表"按钮，选择"组合图→簇状柱形—次轴折线图"，如图2-1-15所示，最后单击"插入图表"按钮，效果如图2-1-16所示。

（3）美化图表。修改图表标题为"日销售额和销售环比"。选中黄色的销售环比折线，添加数据标签；单击数据标签，右击，选择"设置数据标签格式"，选择橙色填充，设置和效果如图2-1-17所示。单独选择环比增长率为负的数据标签，填充绿色，数字颜色设为白色，设置和效果如图2-1-18所示。

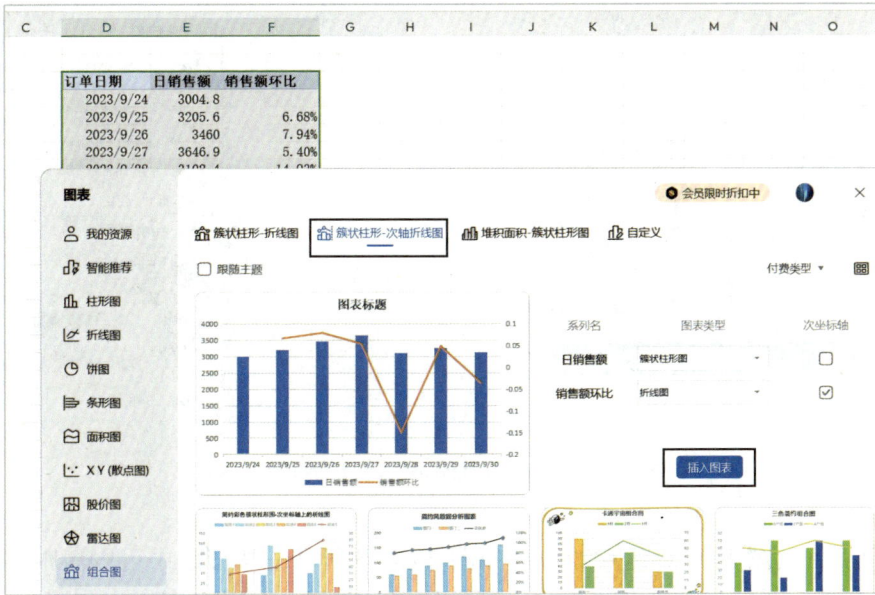

图 2-1-15　插入簇状柱形—次轴折线图

图 2-1-16　簇状柱形—次轴折线图初始效果

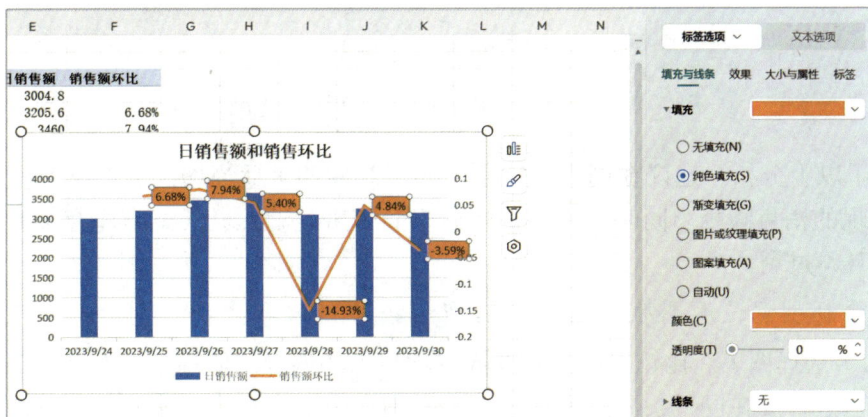

图 2-1-17　设置折线数据标签的填充格式

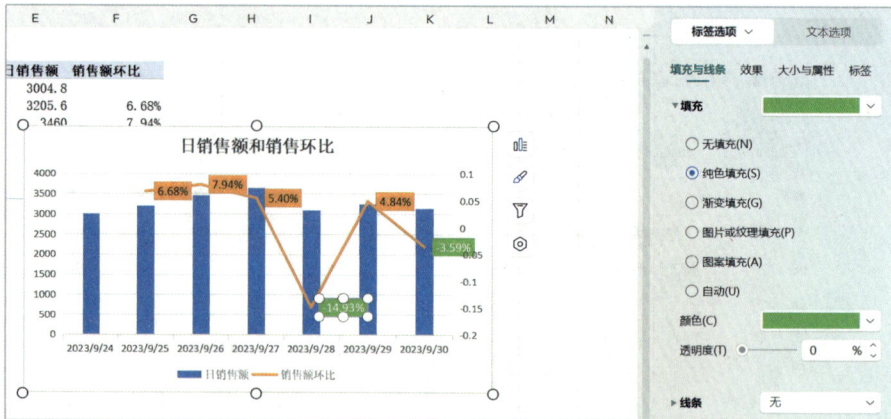

图 2-1-18　设置数据标签为负的数据格式

（4）解读图表。美化后的效果如图 2-1-19 所示，从图表中可以清晰观察到：周日至周三期间，销售额呈现出稳步上升的趋势，特别是在周三（2023 年 9 月 27 日）达到了本周的销售高峰。这一增长可能是周三作为"小周末"的特点，消费者购物意愿较为强烈。在周三之后，销售额出现了明显的下滑趋势，相较于前一天，其销售额环比增长率为负，显示出消费者购买力的短暂减退。随后，销售额在周五有所回升，但到了周六又出现了下降。这种波动可能与周末消费者购物习惯的变化有关。

图 2-1-19　日销售额和销售额环比增长率效果图

基于以上分析，建议在周中（特别是周三和周四）适当增加库存备货量，以应对可能出现的销售高峰。同时，也要关注周末的销售波动，灵活调整库存策略，确保库存充足且不过剩。

2. 绘制创意旋风图展示商品类别销售额和利润率

（1）选择图表。比较不同类别在同一项目上的差异，使用条形图操作简单，一目了然。但是，要在同一条形图中展示不同类别在两个项目上的差异，可以使用创意条形图——旋风图。

（2）抽取可视化的数据列。在"商品类别利润"工作表中，选中"商品类别""求和项：销售额""求和项：利润率"3列，复制粘贴到空白单元格，修改列名，如图2-1-20所示。

图 2-1-20　抽取可视化的数据列

（3）创建条形图。选中提取后的数据单元格，单击"插入"选项卡下的"图表"按钮，选择"条形图→堆积条形"，双击第1个图表模板，生成的堆积条形图初始状态效果如图 2-1-21 所示。

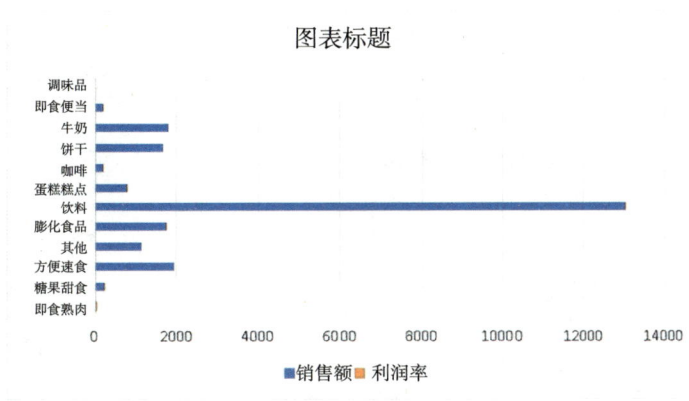

图 2-1-21　条形图初始状态效果

（4）美化图表。

①设置图表的标题为"本期商品类别的销售额和利润率"，字体为"微软雅黑"。

②设置次坐标轴。选中蓝色的销售额条形，选择"次坐标轴"，如图 2-1-22 所示，可看见图表的顶部多了一个次坐标轴。

③设置次坐标轴的边界和单位。选中上面的次坐标轴，设置如图 2-1-23 所示，边界最小值为"-22 000"，最大值为"14 000"，单位主要刻度为"3 000"，次要刻度为"600"，勾选"逆序刻度值"。

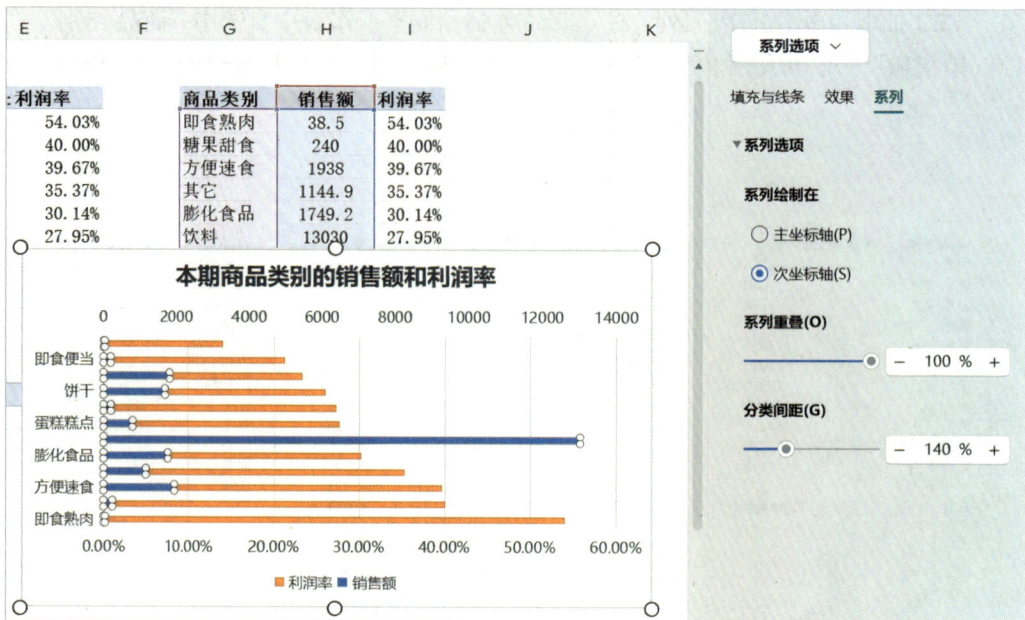

图 2-1-22　设置次坐标轴

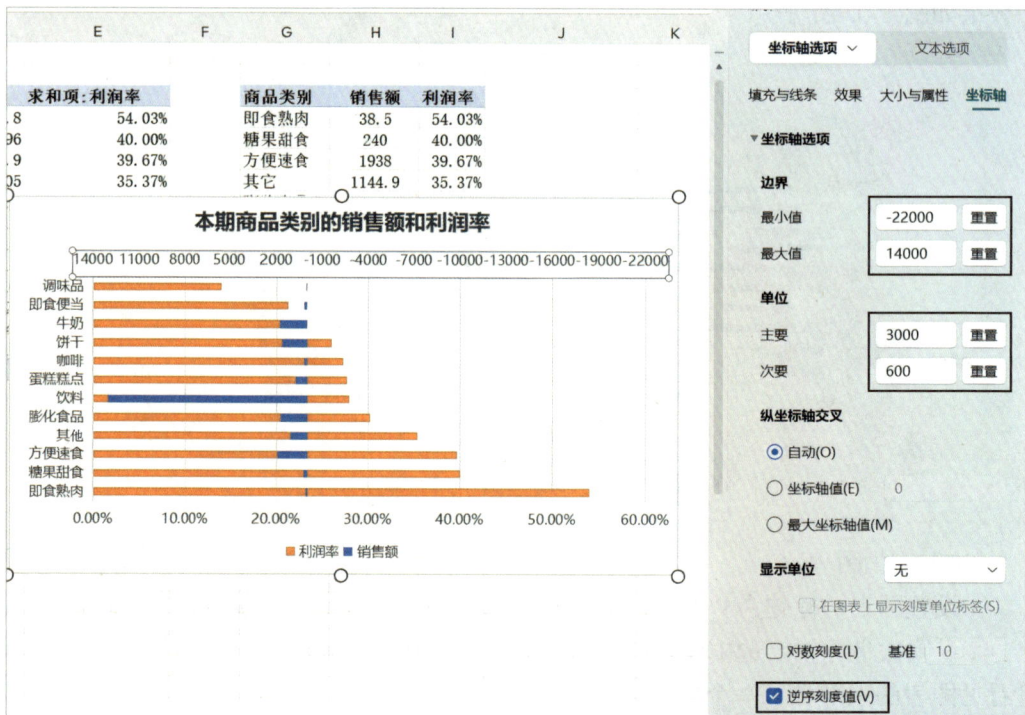

图 2-1-23　次坐标轴的边界和单位

④设置主坐标轴的边界和单位。选中下面的主坐标轴，设置如图 2-1-24 所示，边界最小值为"-0.6"，最大值为"0.6"，单位主要刻度为"0.2"，次要刻度为"0.04"。

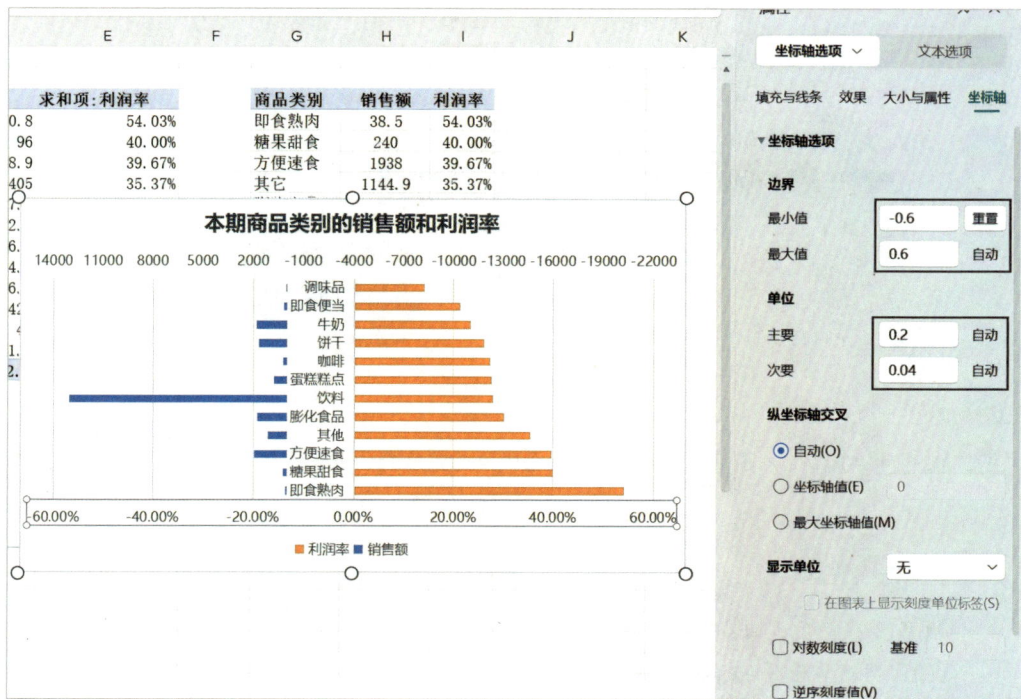

图 2-1-24　设置主坐标轴的边界和单位

⑤添加和美化数据标签。选择销售额最长的条形，右击，选择"添加数据标签"命令，添加数据标签后，为标签填充橙色，设置如图 2-1-25 所示。按相同方式，设置利润率最高的商品类别标签，最后效果如图 2-1-26 所示。

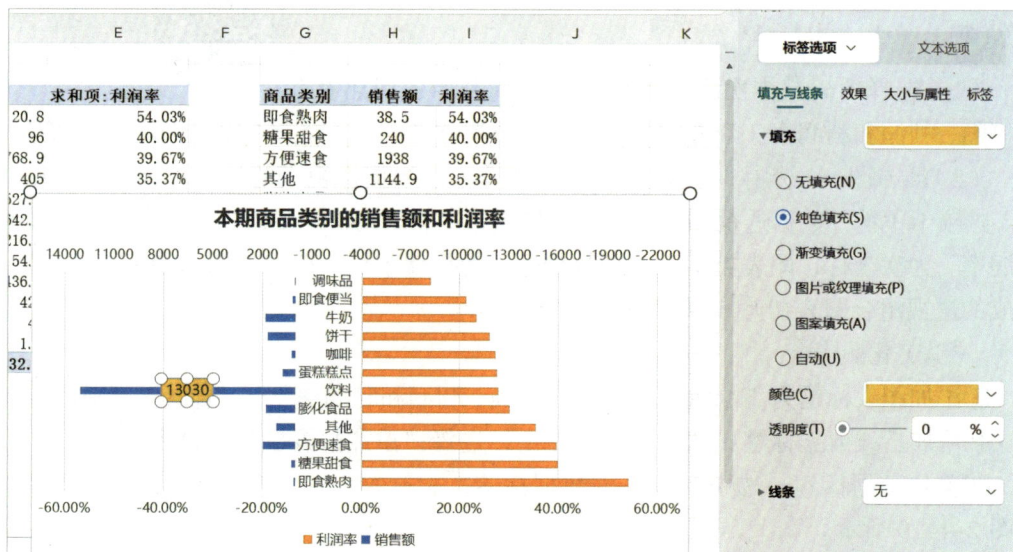

图 2-1-25　添加并设置销售量最大的商品类别标签

本期商品类别的销售额和利润率

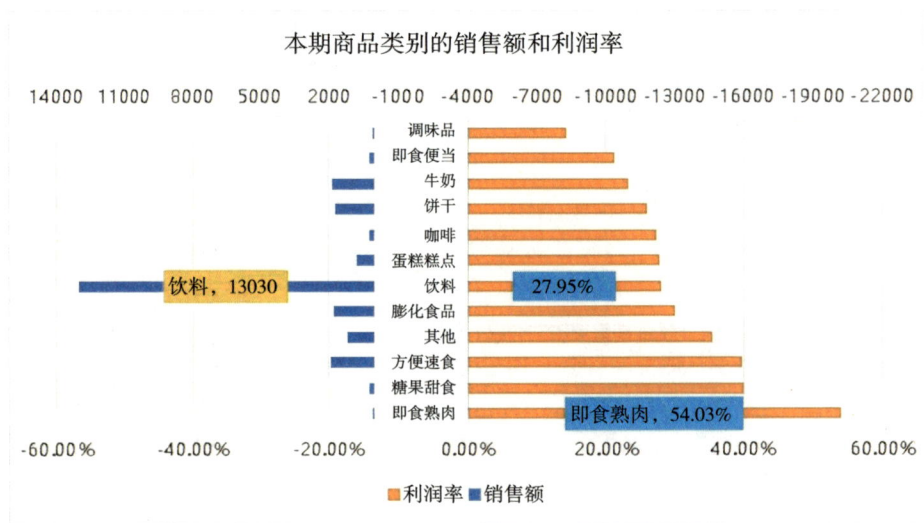

图 2-1-26 本期商品类别的销售额和利润率

实践真知

观察图 2-1-26，回答下列问题。

（1）利润率最高的商品是否是销售额最高的商品？

（2）销售额最高的商品类别是 _____，此类商品的购买顾客较多，可以作为引流商品，注意该类商品的陈列位置。

（3）根据数据图表，写出给经营者的建议。

3.绘制自定义组合图表展示门店的销售额、利润和利润率

> **微 课**
> 绘制多维度簇状柱形折线组合图

（1）选择图表。本次要展示欣欣连锁便利店各门店在销售额、利润和利润率 3 个方面的贡献度，选择柱形图和折线图的组合图形比较恰当。

（2）插入图表。选中"门店利润贡献"工作表中数据透视表的任意单元格，单击"插入"选项卡下的"数据透视图"按钮，选择组合图，如图 2-1-27 所示，设置"求和项：利润率"为次坐标，图表类型为"带数据标记的折线图"，单击"插入图表"按钮后，生成的透视组合图表初始效果如图 2-1-28 所示。

（3）美化图表。

①添加图表标题为"本期各门店的销售额、利润和利润率"，字体为"微软雅黑"。

②添加折线数据标签。选中折线，右击，选择"添加数据标签"命令。

③美化数据标签。选中折线图的数据标签，为标签填充绿色。美化后的参考效果如图 2-1-29 所示。

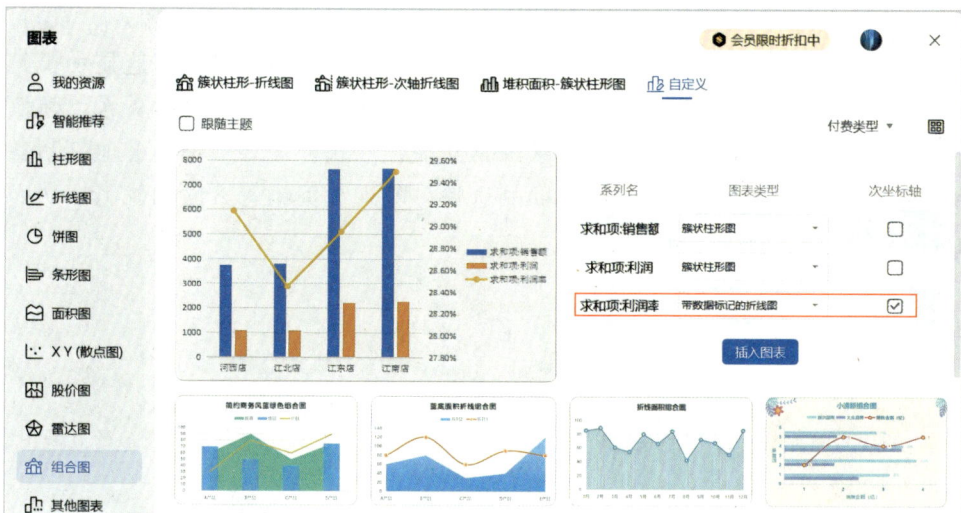

图 2-1-27　插入透视组合图

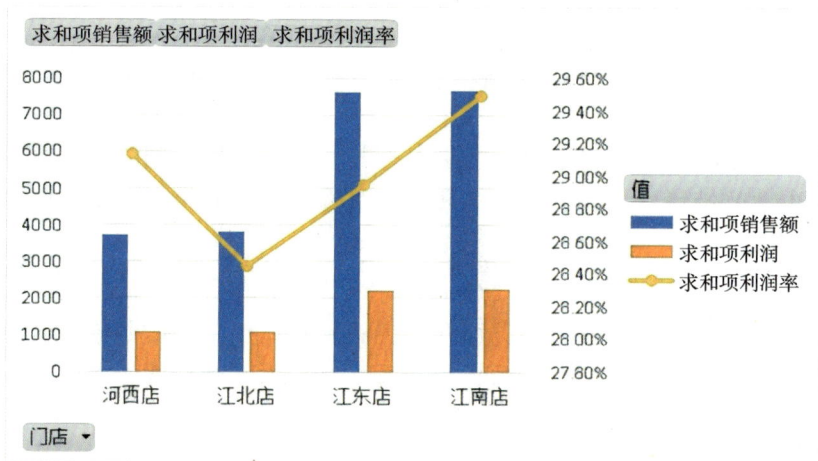

图 2-1-28　透视组合图初始效果

图 2-1-29　美化后的图表

（4）解释图表。从图 2-1-29 可以看出，江南店在本期销售额贡献度上位居首位，显示出其强劲的销售实力。与此同时，江北店的利润率贡献度最低，这显示了其在营利方面面临挑战。这跟门店的地理位置、顾客质量和经营策略有很大关系。建议欣欣连锁便利店的管理层推动各门店负责人经常交流，取长补短。要更精准地判断各门店的经营情况，建议深入分析各门店在商品选择、陈列和促销等方面的优劣，从而为后续调整经营策略提供有力依据。

实 践 真 知

探索透视图表和普通图表的区别。

（1）观察本任务中"透视组合图"和"簇状柱形—次轴折线组合图"最后的效果图，找出两个图表的外观差异。

（2）单击"透视组合图"中的 门店 ▾ 按钮，在出现的菜单中选择一个门店，此时透视图的效果有无变化？

五、绘制数据大屏呈现整体销售数据图景

（1）规划数据大屏的版式。本任务要从日期、商品类别、门店三个维度展示欣欣连锁便利店本期的销售额、利润等相关数据，根据要展示的图表大小、样式等因素，选择"上下-倒品字型"版式。

（2）布局数据大屏。新建 1 个工作表，命名为"数据大屏"。将制作好的"本期日销售额和销售环比""本期商品类别的销售额和利润率""本期各门店的销售额、利润和利润率"图表复制粘贴到"数据大屏"工作表，并调整位置、大小，如图 2-1-30 所示。

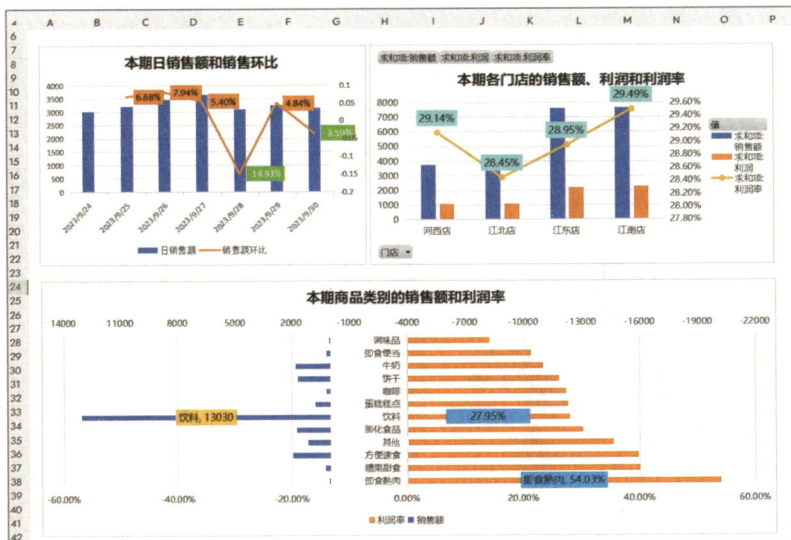

图 2-1-30　数据大屏初始布局

（3）美化数据大屏。

①填充底色。选中单元格，填充蓝色。

②从前面数据分析的工作表中提取本期销售额、本期利润和本期利润率并填写到中间区域，设置数据字体为"微软雅黑"。

③添加数据大屏标题"欣欣连锁便利店本期（2023.9.24—2023.9.30）整体销售数据图景（单位：元）"，最后的效果如图 2-1-31 所示。

图 2-1-31　欣欣连锁便利店整体销售数据图景

六、图表的保存与分享

（1）保存源文件。在 WPS 表格中，按快捷键 Ctrl+S 即可保存数据源及文件。

（2）分享数据可视化文件。执行"文件→输出到 PDF"菜单命令，在弹出的对话框中设置 PDF 文件的保存路径、输出范围、输出选项和权限等内容即可。

检　查

一、填空题

1. 常用环比_____来反映本期比上期增长了多少。

2. 销售增长率表示销售额的增长速度，通常以_____表示。

3. 销售利润率是指销售利润占_____的比例，通常以百分比表示。

4. _____和_____常用于展示数据的变化趋势或者比较大小的场景。

二、判断题

1. 销售环比增长率通常用在相邻两年的相同时间段内，查看涨跌程度。 （   ）

2. 每个图表都能传达信息，因此可随便选择可视化图表。 （   ）

3. 柱形图的表现形式是横向的，适用于横轴为量化数据的场景。 （   ）

4. 条形图相对柱形图而言，更节省版面。 （   ）

5. 数据图表的色彩搭配、背景、数据标签样式、图例标题位置等都会直接影响信息的表达效果。 （   ）

三、实战题

毛利反映的是一个商品经过生产转换内部系统以后增值的那一部分。也就是说，增值得越多，毛利自然就越多，毛利率就越高。（毛利 = 销售金额 − 成本金额；毛利率 = 毛利 / 销售金额 × 100%）

利用本任务中的"欣欣便利店一周销售数据"工作表，分析毛利率，并制作如图 2-1-32 所示的本期每天销售毛利率条形图。

提示：添加计算字段"毛利率"，创建透视表。

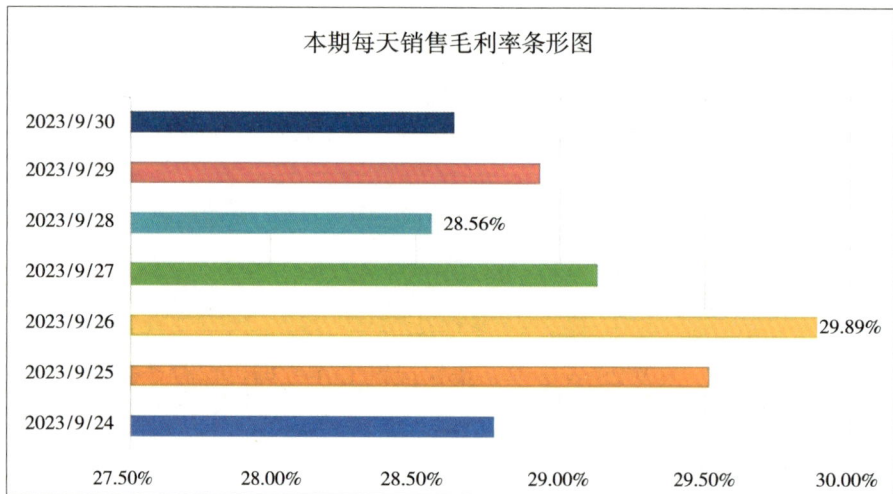

图 2-1-32　本期每天销售毛利率条形图

评　价

序号	评价内容	识记	理解	应用	分析	评价	创造	问题
1	WPS 表格的柱形图和条形图应用			√				
2	绘制簇状柱形—次轴折线图				√			
3	绘制双轴创意条形图（旋风图）			√				
4	绘制自定义柱形—折线图			√				
5	绘制数据大屏						√	

教师诊断评语：

任务二　揭示商品库存数据动态

资讯

--- 任务描述：

　　库存积压会增加库存成本、降低利润，库存不足会影响销售、错失挣钱机会。正确分析库存指标是科学管理库存的有效手段。欣欣连锁便利店最近频繁遇到：部分商品库存积压，占用现金流；部分商品缺断货，导致销售订单延误、顾客流失。为此，欣欣连锁便利店向立新公司求助，希望找到一种可视化库存管理技术。其实，这就是一个典型的可视化库存管理问题。立新公司将此任务交给小杨所在的数据可视化团队。为此，小杨所在团队需具备以下关键知识和技能：

　　①了解商品库存管理指标；
　　②了解商品类别的存销比；
　　③了解商品库存的类别占比；
　　④能制作 WPS 表格组合图表。

--- 知识准备：

一、库存管理指标

　　库存，字面理解就是库房中的存货。对零售型企业而言，是指准备销售的、在运输途中的、在卖场中的、在仓库里的所有商品总和。

1. 库存管理

　　库存管理不仅是管好商品，更要管控损耗；不仅要提高库存的周转率，也要时刻关注缺、断商品对销售与毛利带来的影响。商品库存管理是全员管理，而非经理或某个特定的个体。店长要控制部门库存占比与周转，经理管好柜组库存金额与占比，员工管理单品数量与金额。

2. 库存指标

　　零售企业的库存指标有商品库存结构、存销比、库存周转率、库存天数、动销率等，每个指标都可以从某个角度分析库存情况。

3. 商品的存销比

　　存销比也称库销比，是用来反映商品即时库存状况的一个相对数。通常是指在一个周期内，期末库存与周期内总销售的比值。比值越小，表明商品的周转率越高，商品越畅销；反之，越是滞销的商品，存销比就越大，商品的周转率越低。

二、WPS 表格的组合图

WPS 表格的组合图即 WPS 双坐标轴图，能对两列及两列以上数据进行可视化展示。单击"插入"选项卡下的"图表"按钮，在"图表"对话框中单击"组合图"选项，可看见组合图的各种类型，如图 2-2-1 所示。

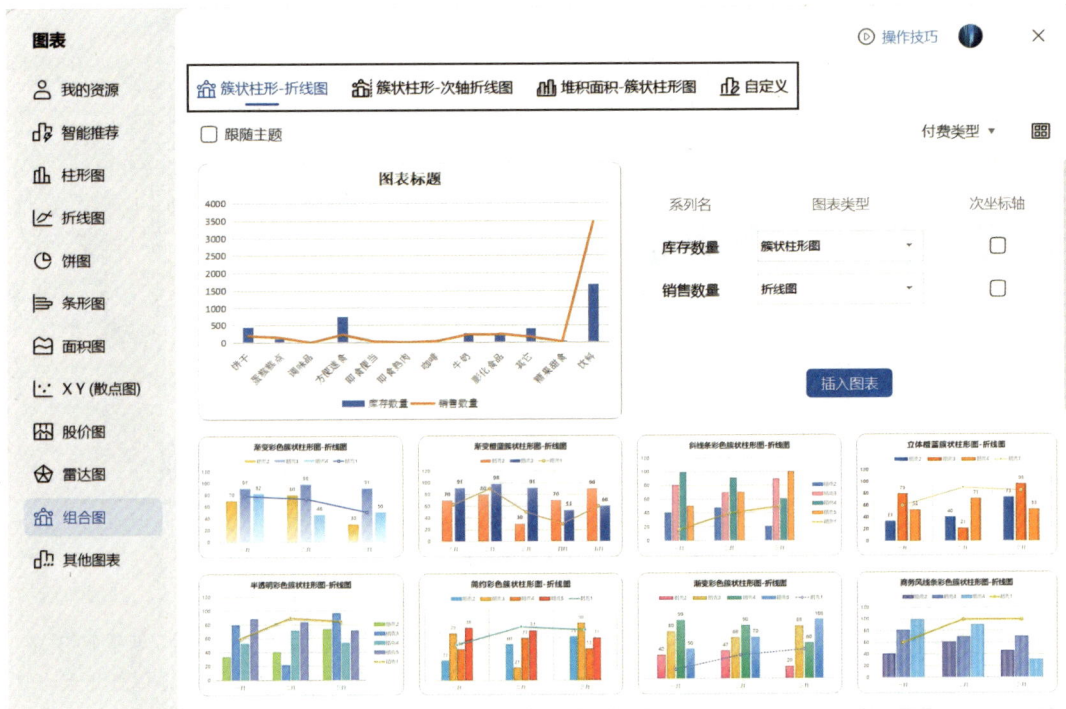

图 2-2-1 WPS 表格的组合图类型

从图 2-2-1 可知，在 WPS 表格中，内置组合图有 3 种，分别是簇状柱形—折线图、簇状柱形—次轴折线图、堆积面积—簇状柱形图，如果选择一种类型后，用户修改了某些参数，则变成了"自定义"图表。

三、WPS 表格的"图表工具"选项卡

WPS 表格的"图表工具"选项卡包括图表元素的添加和布局、内置样式、数据源选择和移动图表 4 个功能组，如图 2-2-2 所示。

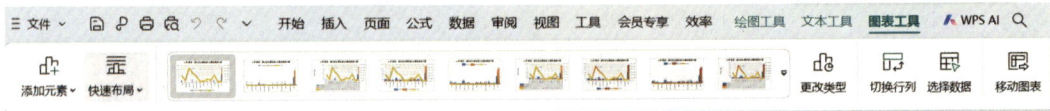

图 2-2-2 "图表工具"选项卡

添加元素：单击此按钮，能给图表添加坐标轴、轴标题、图表标题、数据标签、数据表、误差线、网格线、图例等元素，如图 2-2-3 所示。

快速布局：单击此按钮，在打开的下拉列表中提供了一些图表的初始布局，选择任意一种布局，可快速设置图表的布局。

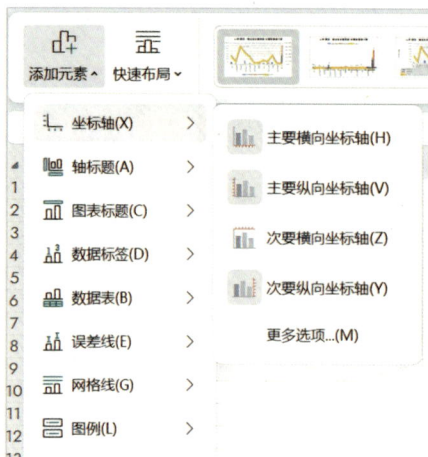

图 2-2-3　添加图表元素

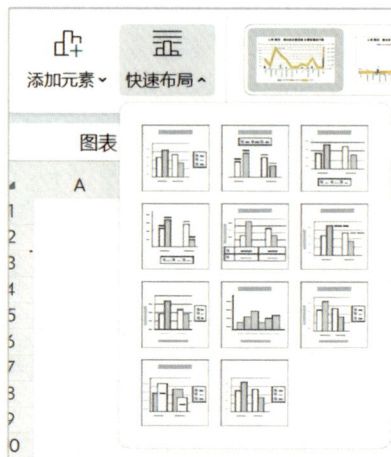

图 2-2-4　快速布局图表

知 识 链 接

不是每个图表都要添加所有元素，要根据实际展示需要进行增减，如果所有元素都添加上去，不仅显得杂乱，还影响显示主题。如图 2-2-5 所示的图表，虽然信息较全，但数据太多、毫无重点，让人看不懂。

	2022/9/24	2022/9/25	2022/9/26	2022/9/27	2022/9/28	2022/9/29	2022/9/30
成本金额	2140.3	2259.4	2425.8	2584.5	2216.5	2311.6	2237.9
销售金额	3004.80	3205.60	3460.00	3646.90	3102.40	3252.70	3135.80
毛利	864.50	946.20	1034.20	1062.40	885.90	941.10	897.90

图 2-2-5　图表数据较全的图表

在 WPS 表格中，可以选择内置主题样式快速设置图表，之后，也可以单击"更改类型"按钮，选择其他类型图表，如图 2-2-6 所示。

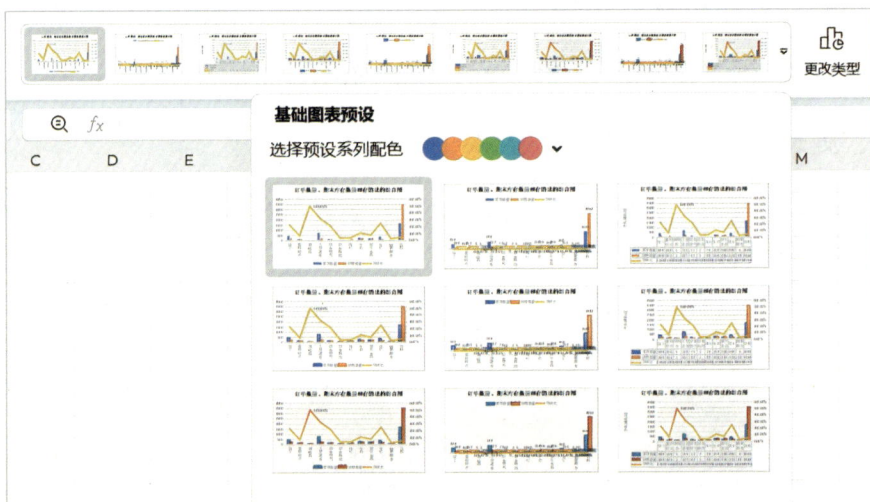

图 2-2-6 内置图表样式

技 赛 必 备

在大数据技术应用、商务数据分析与可视化等技能大赛项目中，要求参赛人员能配置数据源，设置维度和度量，制作单个图表或组合图表，对商品进行图表分析与呈现。

计划&决策

小杨决定以存销比和库存占比两个指标为主线，先用透视表汇总订单数量、期末库存数量、各类商品库存等数据，然后计算存销比、各类商品占比，最后制作如图 2-2-7 所示的图表，来可视化展示这些数据指标的关系。

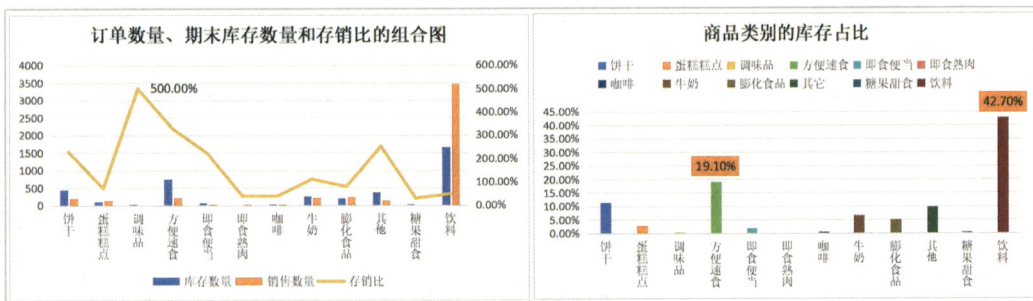

图 2-2-7 商品库存数据展示

实 施

一、确定数据可视化指标

根据客户提供的数据资料，确定本任务的库存分析指标为存销比和库存占比。

二、处理数据

（1）打开数据源。启动 WPS 表格，从配套素材中打开"欣欣便利店库存分析数据 .xlsx"工作簿文件。

（2）浏览数据。浏览工作簿，发现有 2 张数据表，分别是"本周库存数据"和"本周销售数据"。其中本周库存数据表有 342 条记录、7 个字段，本周销售数据表有 4 134 条记录、13 个字段。数据源截图如图 2-2-8 所示。

▲	A	B	C	D	E	F	G
1	日期	商品名称	商品类别	库存数量	成本价	销售单价	期初库存数据
2	2023/9/24	尖叫	饮料	43	3.20	5.00	137.6
3	2023/9/24	可口可乐	饮料	24	2.30	3.00	55.2
4	2023/9/24	脉动	饮料	121	3.10	4.00	375.1
5	2023/9/24	美汁源果粒橙	饮料	129	2.50	3.00	322.5
6	2023/9/24	美汁源果粒橙（450ml/瓶）	饮料	39	2.60	3.00	101.4
7	2023/9/24	名仁苏打水	饮料	43	2.00	3.00	86
8	2023/9/24	农夫茶 π	饮料	59	3.80	5.00	224.2
9	2023/9/24	农夫果园	饮料	20	3.20	5.00	64
10	2023/9/24	农夫山泉天然水（550ml/瓶）	饮料	44	1.00	2.00	44
11	2023/9/24	农夫山泉	饮料	130	1.30	2.00	169
12	2023/9/24	七喜（500ml）	饮料	41	2.20	3.00	90.2
13	2023/9/24	山楂树下（350ml/瓶）	饮料	44	3.30	5.00	145.2
14	2023/9/24	娃哈哈冰红茶（500ml/瓶）	饮料	89	1.80	3.00	160.2
15	2023/9/24	娃哈哈冰糖雪梨（500ml/瓶）	饮料	14	2.20	3.00	30.8
16	2023/9/24	娃哈哈纯净水	饮料	22	0.90	2.00	19.8
17	2023/9/24	娃哈哈龙井绿茶（500ml/瓶）	饮料	73	1.80	3.00	131.4
18	2023/9/24	王老吉（500ml/瓶）	饮料	118	3.30	4.50	389.4
19	2023/9/24	小茗同学	饮料	73	4.00	5.00	292
20	2023/9/24	雪碧	饮料	18	2.30	3.00	41.4

图 2-2-8　数据源截图

（3）处理异常数据。通过查重、查找和观察，本数据源无空值、漏值、重复值、负值等异常数据。

三、分析数据

（1）创建库存透视表。选中"本周库存数据"工作表中的任意单元格，单击"插入"选项卡下的"数据透视表"按钮，在弹出的对话框中选择数据区域、透视表的位置为"新工作表"，单击"确定"按钮。

（2）布局透视表区域。将生成的工作表命名为"库存透视表"，将"日期""商品类别"字段拖到"行"区域，将"库存数量"字段拖到"值"区域，并设置"值"区域字段为"求和"汇总方式。透视表字段布局和效果如图 2-2-9 所示。

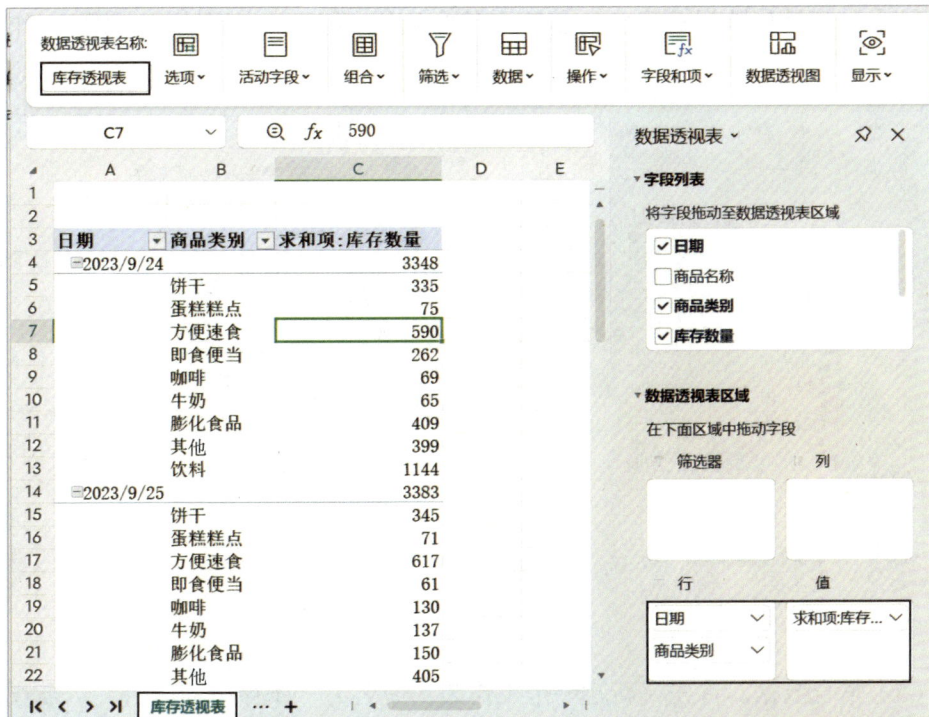

图 2-2-9　透视表字段布局及效果

（3）筛选期末库存数据。单击数据透视表的日期筛选按钮，在弹出"选择字段"列表中选择"2023/9/30"，如图 2-2-10 所示，单击"确定"按钮，则筛选出期末库存数据，如图 2-2-11 所示。

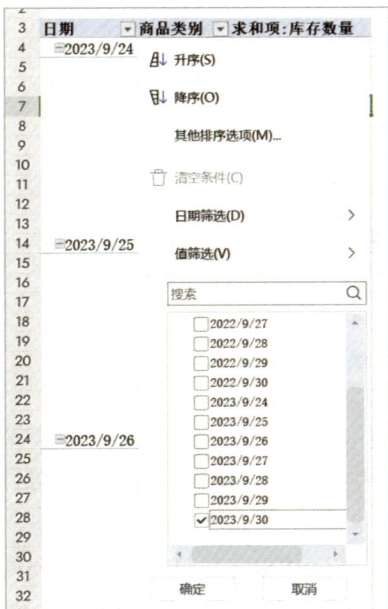

图 2-2-10　选择筛选日期

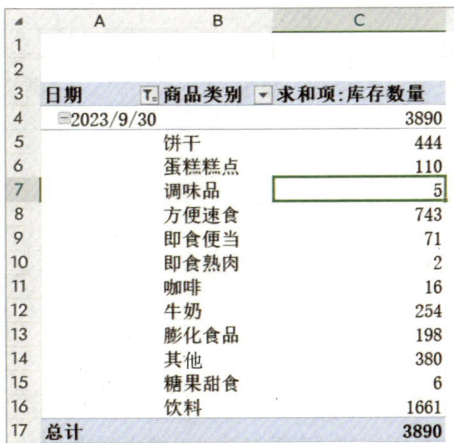

图 2-2-11　筛选结果

（4）创建销售数据透视表。参考前面的方法，利用"本周销售数据"工作表，创建销售数据透视表，效果如图2-2-12所示。

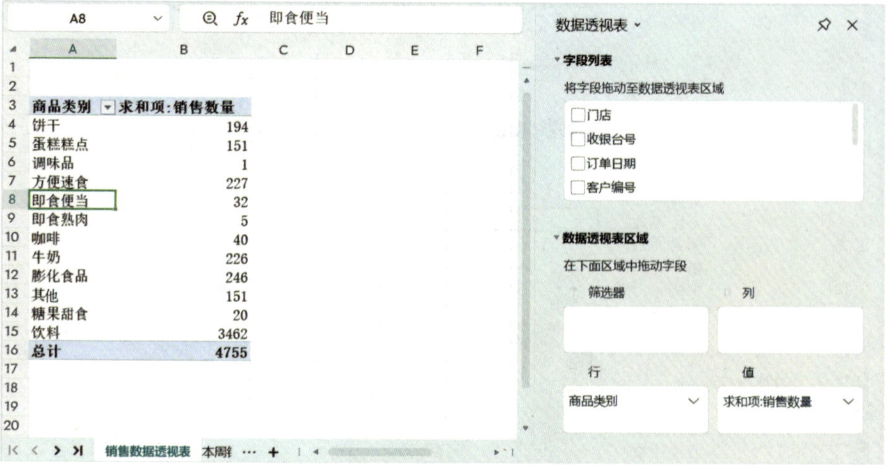

图2-2-12　销售数据透视表

（5）整合数据。首先，新建一个工作表，命名为"库存指标展示"。接着，将库存透视表中的"商品类别""求和项：库存数量"两列数据粘贴到"库存指标展示"中，再将销售数据透视表中的"求和项：销售数量"数据粘贴到"库存指标展示"中。最后，修改数据列名，添加"存销比"列和"库存占比"列，并微调格式，如图2-2-13所示。

	商品类别	库存数量	销售数量	存销比	库存占比
2	饼干	444	194		
3	蛋糕糕点	110	151		
4	调味品	5	1		
5	方便速食	743	227		
6	即食便当	71	32		
7	即食熟肉	2	5		
8	咖啡	16	40		
9	牛奶	254	226		
10	膨化食品	198	246		
11	其他	380	151		
12	糖果甜食	6	20		
13	饮料	1661	3462		

图2-2-13　调整数据格式

（6）计算存销比。在单元格D2中输入"=B2/C2"，按回车键计算饼干类商品的存销比，并设置数据格式为"百分比"，保留2位小数。然后向下填充，即可计算其余商品类别的存销比。

（7）计算库存占比。在单元格E2中输入"=B2/SUM($B$2: $B$13)"，按回车键计算饼干类商品的库存占比，并设置数据格式为"百分比"，保留2位小数。然后向下填充，即可计算其余商品类别的库存占比。

存销比和库存占比计算结果如图 2-2-14 所示。

	A	B	C	D	E
1	商品类别	库存数量	销售数量	存销比	库存占比
2	饼干	444	194	228.87%	11.41%
3	蛋糕糕点	110	151	72.85%	2.83%
4	调味品	5	1	500.00%	0.13%
5	方便速食	743	227	327.31%	19.10%
6	即食便当	71	32	221.88%	1.83%
7	即食熟肉	2	5	40.00%	0.05%
8	咖啡	16	40	40.00%	0.41%
9	牛奶	254	226	112.39%	6.53%
10	膨化食品	198	246	80.49%	5.09%
11	其他	380	151	251.66%	9.77%
12	糖果甜食	6	20	30.00%	0.15%
13	饮料	1661	3462	47.98%	42.70%

图 2-2-14　存销比和库存占比计算结果

四、制作图表

1.绘制簇状柱形—折线图展示存销比

（1）选择图表。存销比指标的分析通常涉及库存数量和销售数量等多个参数的综合考量。为了在单一图表中同时展示这些参数的变化趋势，可以选择组合图表。其中，簇状柱形—折线图能结合柱状图和折线图来展示不同类型的数据。

（2）创建图表。选择 A1：D13 单元格区域。单击"插入"选项卡下的"图表"按钮，在"图表"对话框中选择"组合图"选项，选择"簇状柱形—折线图"。设置次坐标轴为存销比，单击"插入图表"按钮，即可创建组合图，如图 2-2-15 所示，效果如图 2-2-16 所示。

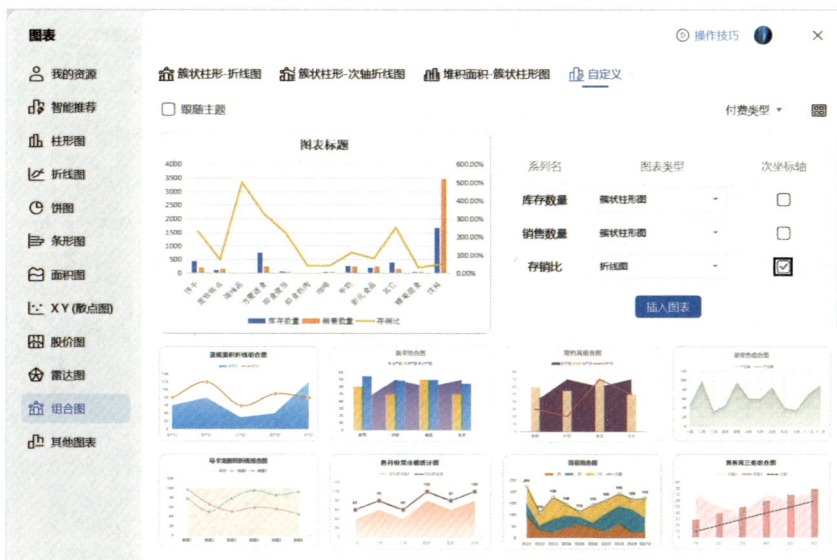

图 2-2-15　插入簇状柱形—折线图

提示：当勾选存销比为次坐标轴后，组合图变为自定义。

图 2-2-16　簇状柱形—折线图初始效果

（3）美化图表。

①修改图表标题。修改图表标题为"销售数量、期末库存数量和存销比的组合图"。

②添加数据标签。选中存销比折线的最高点，右击，选择"添加数据标签"命令，为该点添加数据标签。

③设置水平轴数据格式。选中水平轴的商品类别，右击，选择"设置坐标轴格式"命令，在"属性"窗格的"大小与属性"下设置文字方向为"竖排（从右向左）"，如图 2-2-17 所示。图表美化完成后的效果如图 2-2-18 所示。

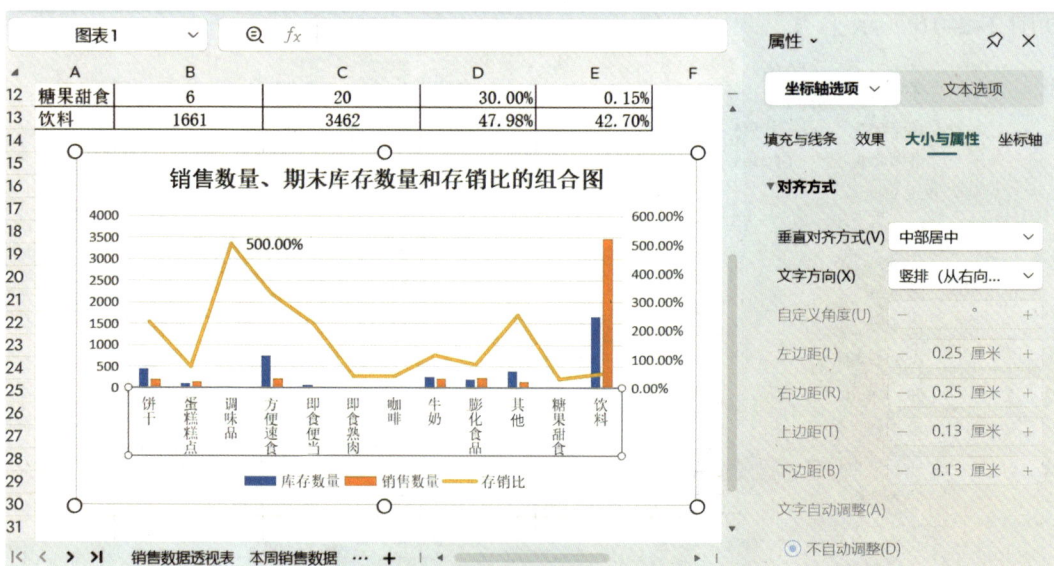

图 2-2-17　设置坐标轴格式

销售数量、期末库存数量和存销比的组合图

图 2-2-18 存销比完成效果

（4）解读图表。 从图 2-2-18 可以看出，调味品的存销比折线图异常高，而销售数量、期末库存数量却很少，出现这种情况的原因可能是商品滞销。饮料的存销比较小，且销售数量、期末库存数量比较大，这在一定程度上说明饮料的周转率较高，也可以说明饮料是畅销商品。

2. 绘制彩色柱形图展示库存占比

（1）选择图表。要比较每类商品的库存占比，可以选择比较性强的柱形图或者条形图，本例选择柱形图。

（2）创建图表。按住 Ctrl 键，用鼠标框选商品类别、库存占比两列不连续的数据，如图 2-2-19 所示。单击"插入"选项卡下的"图表"按钮，在"图表"对话框中选择"柱形图"选项，选择"簇状"，双击需要的图表模板，如本例选择第 1 个模板。初始效果如图 2-2-20 所示。

▲	A 商品类别	B 库存数量	C 销售数量	D 存销比	E 库存占比
2	饼干	444	194	228.87%	11.41%
3	蛋糕糕点	110	151	72.85%	2.83%
4	调味品	5	1	500.00%	0.13%
5	方便速食	743	227	327.31%	19.10%
6	即食便当	71	32	221.88%	1.83%
7	即食熟肉	2	5	40.00%	0.05%
8	咖啡	16	40	40.00%	0.41%
9	牛奶	254	226	112.39%	6.53%
10	膨化食品	198	246	80.49%	5.09%
11	其他	380	151	251.66%	9.77%
12	糖果甜食	6	20	30.00%	0.15%
13	饮料	1661	3462	47.98%	42.70%

图 2-2-19 选择不连续的两列数据

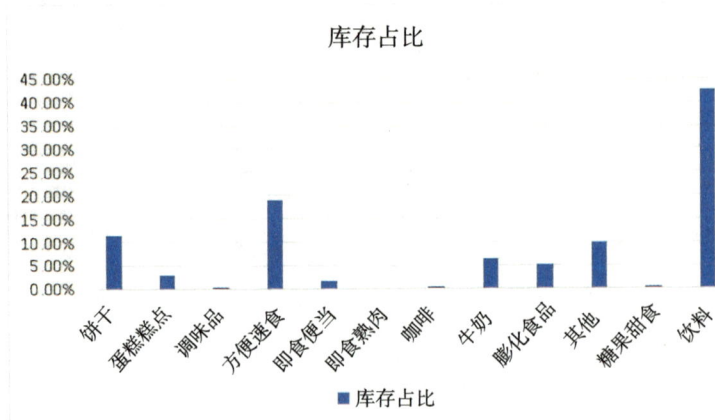

图 2-2-20　库存占比图表初始效果

（3）美化图表。

①修改图表标题为"商品类别的库存占比"。

②制作彩色柱形条。选中柱体，右击，选择"设置数据系列格式"命令，打开"属性"窗格，在"填充与线条"下选择"自动"，勾选"依数据点着色"，如图 2-2-21 所示。

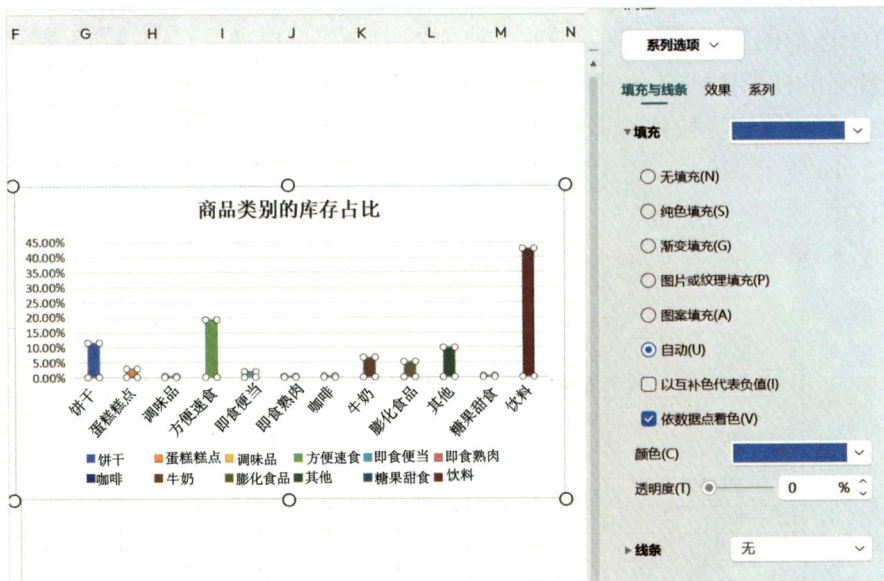

图 2-2-21　制作彩色柱体

③设置图例位置为"靠上"。

④设置水平轴的文字方向为"竖排（从右向左）"。

⑤选择饮料柱体和方便速食柱体，添加"数据标签"，并填充颜色。美化后的效果如图 2-2-22 所示。

商品类别的库存占比

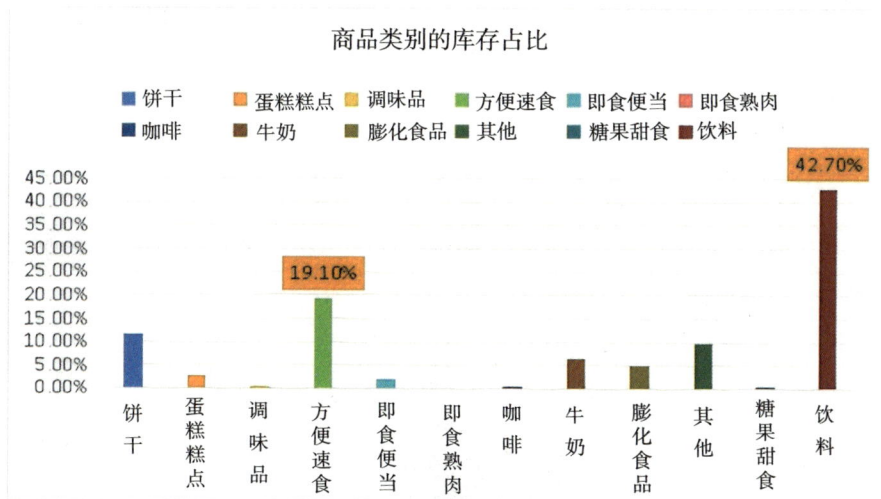

图 2-2-22　美化后的图表效果

（4）解读图表。从图 2-2-22 可知，饮料的库存占比最大，高达 42.70%，建议趁天气炎热，抓紧促销，以便加快该类商品的流通速度。

五、图表的保存与分享

（1）保存源文件。在 WPS 表格中，按快捷键 Ctrl+S 即可保存数据源及文件。

（2）分享数据可视化文件。执行"文件→输出到 PDF"菜单命令，在弹出的对话框中设置 PDF 文件的保存路径、输出范围、输出选项和权限等内容即可。

检 查

一、填空题

1. 存销比也称库销比，是用来反映商品即时库存状况的一个_____。

2. 在柱形图或者条形图中，可以在"系列"选项下的_____属性中，选择_____模式，再勾选"依数据点着色"，则能绘制出彩色柱体或者彩色条形。

3. 单击图表之后，将会显示_____、_____和_____选项卡。

4. 设置图表中的水平轴文字方向为"竖排"，是通过_____选项下的"大小与属性 / 对齐方式 / _____"栏实现。

二、判断题

1. 为了显示更详细，图表元素是越多越好。　　　　　　　　　　　　（　　　）

2. 在 WPS 表格中能利用透视表的分析结果创建另一个透视表。　　　（　　　）

3. 存销比是指在一个周期内，期末库存数量与周期内总销量的比值。　　（　　）

4. 存销比越小，表明商品的周转率越大、商品滞销。　　（　　）

5. 存销比越大，库存占比越小。　　（　　）

三、实战题

将本任务中各类商品的库存占比用如图 2-2-23 所示的饼图展示，并比较饼图和柱形图的优缺点。

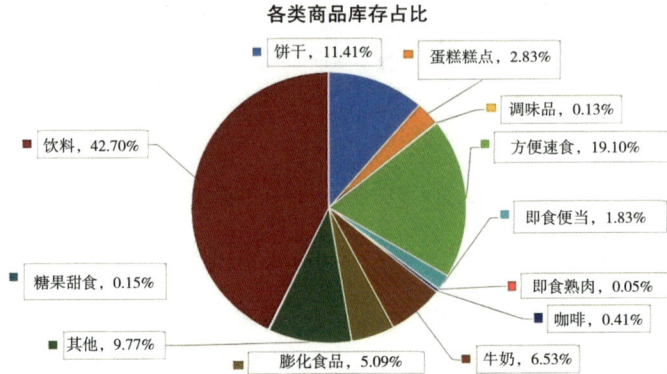

图 2-2-23　各类商品库存占比

评　价

序号	评价内容	识记	理解	应用	分析	评价	创造	问题
1	WPS 表格的组合图	√						
2	WPS 表格的"图表工具"选项卡			√				
3	计算商品存销比和库存占比		√					
4	绘制存销比和库存占比图表			√				
5	美化存销比和库存占比图表	√	√					
教师诊断评语：								

任务三　剖析用户购买行为数据

资　讯

--- **任务描述：**

剖析用户购买行为数据，能更好地了解消费者的购买习惯和消费特点，以便提供更优质的服务，提高用户黏性，优化库存管理，提高销售额和利润。

欣欣连锁便利店管理层看了立新科技公司提交的销售图景、库存图表，提出想要继续挖掘用户购买行为数据并进行可视化展示，为此，小杨所在的团队需具备以下关键知识和技能：

①了解用户购买行为指标；

②能分析客单价、复购率、客户支付偏好；

③能制作 WPS 表格的饼图和散点图；

④能完成图表的创意美化。

--- **知识准备：**

一、用户购买行为指标

1. 客单价

客单价的本质是一定时期内，每个用户的平均消费金额。离开了"一定时期"这个范围，客单价这个指标没有任何意义。若用 P_n、A_n、B_n 分别表示第 n 天的客单价、总的销售额和用户数量，则客单价的计算公式：$P_n = \dfrac{A_n}{B_n}$。

2. 用户复购率

复购率是指购买两次或者两次以上的用户人数占用户总人数的比值。复购率越高，则反映出用户对品牌的忠诚度越高，反之则越低。若用 R 表示复购率，F 表示购买两次或者两次以上的用户数量，G 表示用户总人数，则复购率的计算公式：$R = \dfrac{F}{G}$。

3. 分析用户支付偏好

支付方式的占比是指使用各类支付方式的交易次数与总交易次数的比值。如果用 P 表示使用某类支付方式的占比，F 表示某类支付方式的交易次数，C 表示总交易次数，那么某类支付方式占比的计算公式：$P = \dfrac{F}{C}$。

二、WPS 表格的饼图和散点图

1. 饼图

在 WPS 表格中，饼图常用于表示不同数据点之间的比例关系。单击"插入"选项卡下的"图表"按钮，在打开的对话框中选择"饼图"选项，可打开饼图子选项，如图 2-3-1 所示。

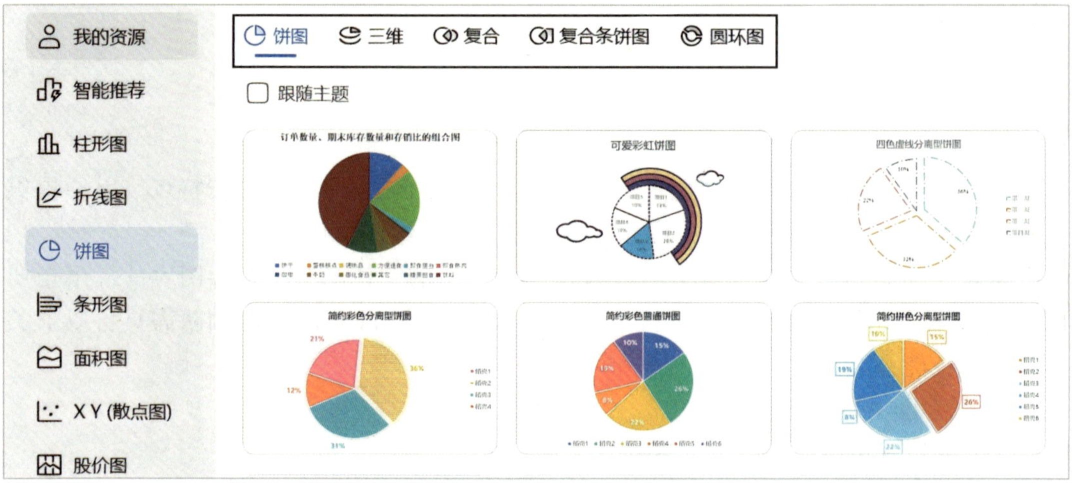

图 2-3-1　WPS 表格饼图子类

从图 2-3-1 中可以看到，WPS 表格的饼图有饼图、三维、复合、复合条饼图及圆环图 5 种。不同版本的 WPS 表格可能有略微不同的操作界面和子选项，但基本的创建和编辑流程是相似的。

2. 散点图

散点图能够直观地展示两个变量之间的关系。要创建散点图通常需要两列数据：一列是自变量（X 轴），另一列是因变量（Y 轴）。单击"插入"选项卡下的"图表"按钮，在打开的对话框中选择"XY（散点图）"，可打开散点图子选项，如图 2-3-2 所示。

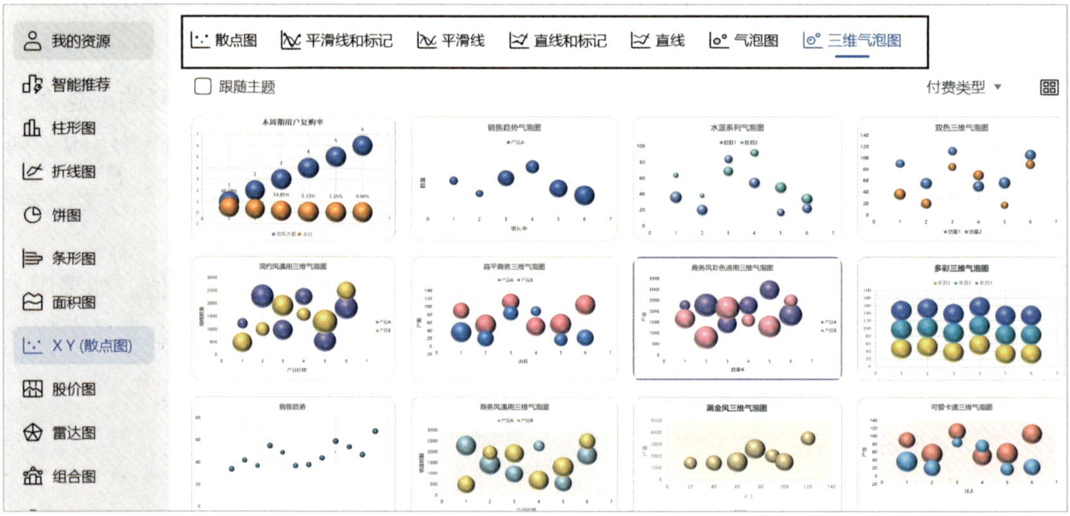

图 2-3-2　WPS 表格的散点图

从图 2-3-2 中可以看到，WPS 表格提供了多种散点图样式，包括散点图、平滑线和标记、平滑线、直线和标记、直线、气泡图、三维气泡图 7 种。

三、WPS 表格的图表美化

数据图表的色彩搭配、图表背景、数据标签样式、图例标题位置等都会直接影响信息的表达效果。

（1）色彩搭配。在 WPS 表格中可选择系统推荐的"彩色"和"单色"方案，如图 2-3-3 所示，也可以自己配色，但要注意一致性原则。

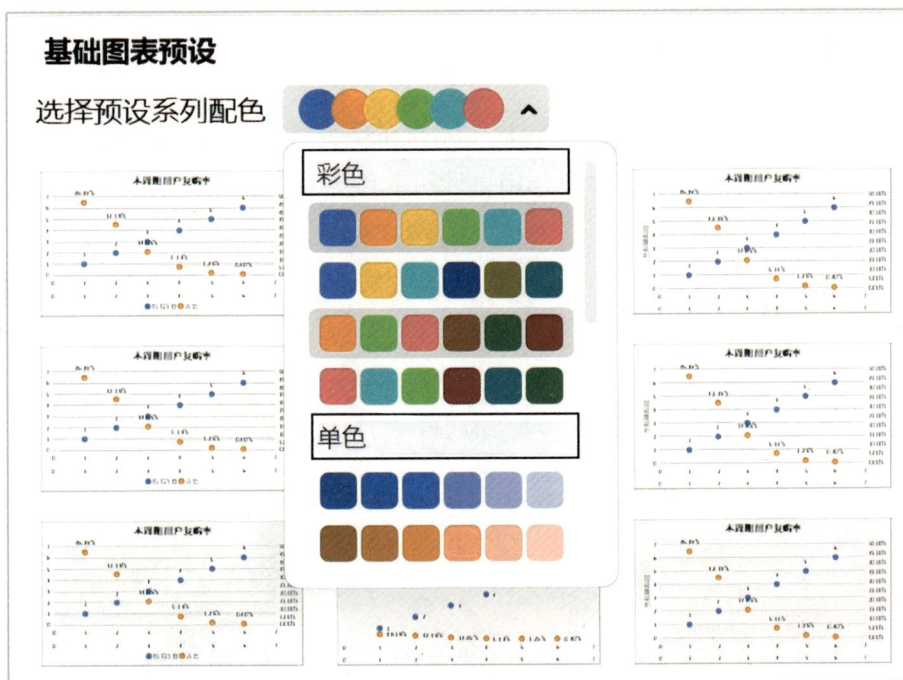

图 2-3-3 基础图表预设配色

单色搭配指的是在图表中使用一种色系的颜色，这组颜色的色相相同，而明度从左向右降低，逐渐过渡，能营造出视觉上的舒适感。

（2）图表背景。图表背景的颜色不能太深，要使用不影响图表中数据和文字的颜色，一般用浅灰色或者白色背景。

（3）数据标签。数据标签尽量醒目，位置不能离标记的数据太远，颜色与图中形状的颜色对比鲜明，便于观察。

（4）图例位置。图例与标题的字体、颜色、位置要与图表中的图形一起规划，形成统一整体。

技赛必备

在大数据技术应用与商务数据分析技能大赛中，参赛者需展示客户销售贡献度对比图表及客户群体表现数据对比图表等内容。为此，参赛人员必须深入理解并掌握用户购买行为指标，包括客单价、复购率及支付偏好的具体含义与计算方法。此外，参赛者还需具备运用图表工具将这些关键指标进行直观、清晰可视化展示的能力。

计划&决策

为了更好地理解用户购买行为指标，小杨决定首先深入分析数据源，准确计算出各项指标的数值，然后制作客单价、用户复购率和支付偏好等数据的图表，如图 2-3-4 所示。

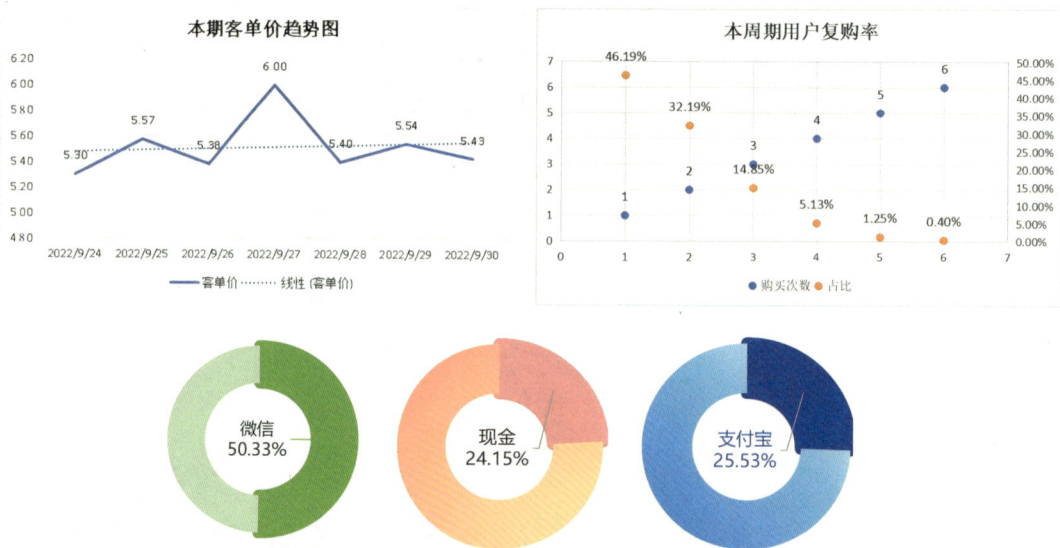

图 2-3-4　用户购买行为数据展示

实　施

一、确定数据可视化指标

根据欣欣连锁便利店提供的数据源和可视化要求，选择客单价、用户复购率和支付偏好 3 个指标来剖析用户的购买行为。

二、处理数据源

（1）浏览数据。打开配套素材中的"欣欣便利店本周销售数据 .xlsx"工作簿文件，数据表中有 4 133 条记录、13 个字段，数据源截图如图 2–3–5 所示。

	A	B	C	D	E	F	G	H	I	J
1	门店	收银台号	订单日期	客户编号	支付方式	商品类别	商品ID	商品名称	订单数量	成本价
2	江东店	1016	2023/9/26	3409	支付宝	饮料	23850	娃哈哈冰糖雪梨（500ml/瓶）	1	2.2
3	江北店	1009	2023/9/25	1538	微信	饮料	23850	娃哈哈冰糖雪梨（500ml/瓶）	1	2.2
4	江南店	1013	2023/9/24	2478	支付宝	饮料	27456	可口可乐	1	2.3
5	江北店	1007	2023/9/25	3033	微信	饮料	27456	可口可乐	1	2.3
6	江南店	1021	2023/9/28	1774	微信	饮料	27457	雪碧	1	2.3
7	江东店	1014	2023/9/24	1012	现金	饮料	27457	雪碧	2	2.3
8	江南店	1018	2023/9/25	3054	微信	饮料	27872	农夫果汁	1	3.2
9	江南店	1020	2023/9/24	2018	微信	饮料	27872	农夫果汁	1	3.2
10	江南店	1023	2023/9/30	2371	支付宝	饮料	28608	美汁源果粒橙（450ml/瓶）	4	2.6
11	江南店	1019	2023/9/24	3749	微信	饮料	28608	美汁源果粒橙（450ml/瓶）	1	2.6
12	江南店	1021	2023/9/27	2932	微信	牛奶	29271	安慕希麦黄桃酸奶	1	6.8
13	江南店	1021	2023/9/28	3673	支付宝	牛奶	29271	安慕希麦黄桃酸奶	1	6.8
14	江东店	1013	2023/9/29	2706	现金	牛奶	29297	哇哈哈AD钙奶	1	6
15	江北店	1008	2023/9/25	2861	现金	牛奶	29297	哇哈哈AD钙奶	1	6
16	河西店	1001	2023/9/26	1551	现金	膨化食品	30085	百世随心卷（160g/袋）	1	5.2
17	江北店	1007	2023/9/24	1630	支付宝	饮料	32236	七喜（500ml）	1	2.2
18	江北店	1006	2023/9/27	1570	现金	饮料	22944	脉动	1	3.1
19	河西店	1003	2023/9/28	3578	微信	饮料	27963	农夫茶 π	1	3.8
20	江东店	1014	2023/9/24	1394	微信	饮料	27963	农夫茶 π	1	3.8
21	江东店	1015	2023/9/28	2718	微信	饮料	28608	美汁源果粒橙（450ml/瓶）	2	2.6
22	江东店	1017	2023/9/29	2765	微信	饮料	31024	王老吉（500ml/瓶）	3	3.3
23	江南店	1022	2023/9/26	2221	支付宝	饮料	27457	雪碧	2	2.3
24	江东店	1012	2023/9/24	3254	现金	饮料	27872	农夫果汁	1	3.2
25	江北店	1019	2023/9/29	2336	微信	饮料	27872	农夫果汁	1	3.2
26	江北店	1007	2023/9/25	2311	微信	饮料	23854	农夫山泉天然水（550ml/瓶）	1	1
27	江东店	1013	2023/9/27	2955	支付宝	饮料	22944	脉动	1	3.1
28	江北店	1008	2023/9/29	2977	微信	饮料	22944	脉动	1	3.1
29	江南店	1021	2023/9/30	2784	微信	饮料	23487	美汁源果粒橙	1	2.5

图 2–3–5　数据源截图

（2）处理异常数据。通过查重、查找和观察，本数据源无空值、漏值、重复值、负值等异常数据。

三、分析数据

1. 计算客单价

客单价可以通过"总销售额 / 总客户量"计算得出。

（1）创建客单价透视表。全选"本周销售数据"工作表的所有单元格，单击"插入"选项卡下的"数据透视表"按钮，在打开的对话框中选择"新工作表"，单击"确定"按钮。即可创建一个空的数据透视表。

（2）布局透视表区域。将生成的工作表命名为"客单价透视表"，将"订单日期"字段拖到"行"区域，将"客户编号""销售额"字段拖到"值"区域，并设置"客户编号"为"计数"，"销售额"为"求和"的汇总方式。透视表字段布局及效果如图 2–3–6 所示。

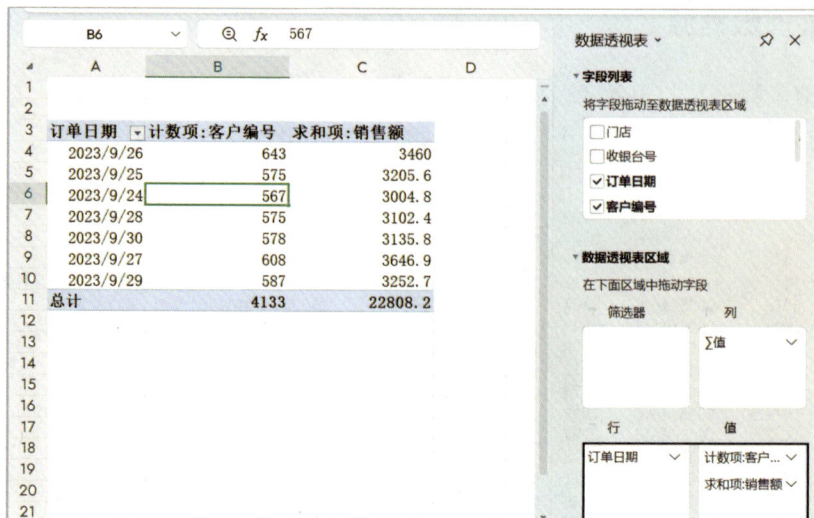

图 2-3-6 透视表字段布局及效果

（3）计算客单价。

①选择透视表中除"总计"行外的所有单元格，复制粘贴到 E3 单元格。

②修改列名分别为"日期""客户数量""销售额"。

③增加"客单价"列。

④用"销售额"列/"客户数量"列计算出每天的客单价。

⑤设置客单价的单元格数字格式为"数值，保留 2 位小数"，如图 2-3-7 所示。

图 2-3-7 客单价计算结果

2. 分析复购率

复购率是指购买两次或者两次以上的用户人数占总用户人数的比率，复购率值是周期内的"客户数量/客户总数"计算出比值，比值越高，则反映出用户对品牌的忠诚度就越高，反之则越低，数据分析步骤如下：

（1）创建复购透视表。利用"本周销售数据"工作表，创建统计复购透视表，将"客户编号"同时放入"值"区域和"行"区域，并设置"值"区域为"计数"方式，效果如图 2-3-8 所示。

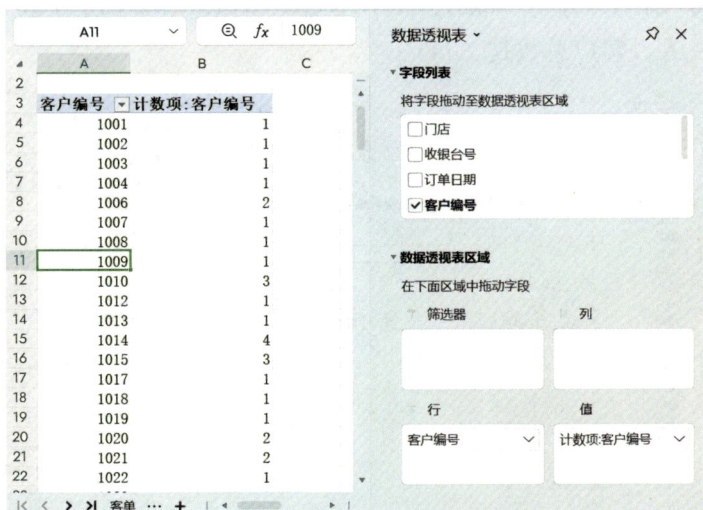

图 2-3-8　客户购买次数透视表

（2）修改透视表的字段名，去掉统计行。将"计数项：客户编号"字段修改为"复购次数"，然后执行"分析 / 统计 / 对行和列禁用"命令，去掉统计行。

（3）创建复购次数统计透视表。选择透视表右边的空白单元格，如 D2 单元格，单击"插入"选项卡下的"数据透视表"按钮，在弹出的对话框中指定单元格区域为"透视表的数据区域"，透视表位置为"现有工作表"，如图 2-3-9 所示，单击"确定"按钮，即在当前表中创建了一个新的空白透视表。

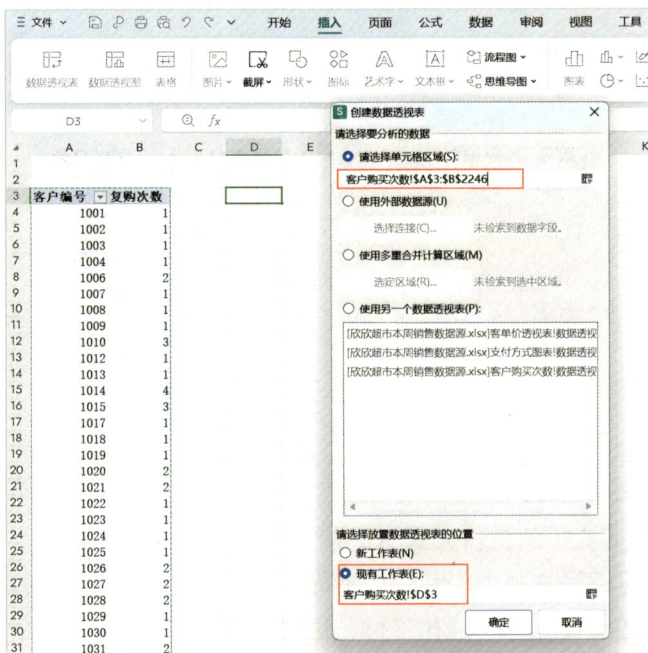

图 2-3-9　透视表创建设置

（4）设置透视表区域。将"复购次数"拖到"行"区域，将"客户编号"拖到"值"区域，并设置为"计数"方式，如图 2-3-10 所示。可以看到复购 1 次的顾客有 1 036 人，复购 6 次的有 9 人，客户总数是 2 243。

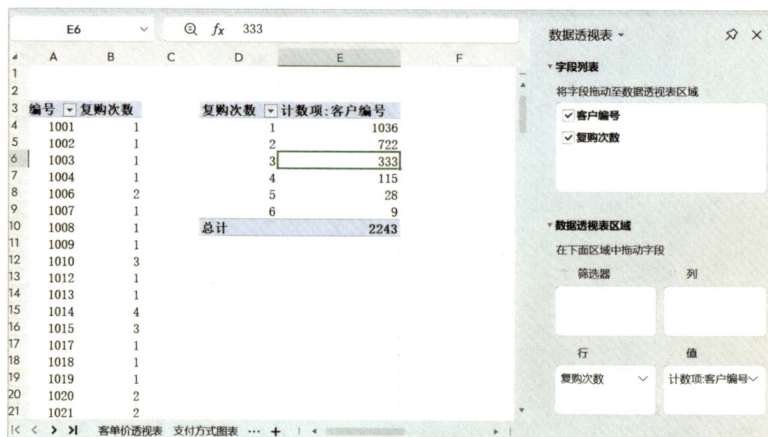

图 2-3-10　设置透视表区域

（5）计算复购率。

①选择 D3：E9 单元格区域，复制数据，粘贴到空白的单元格区域。

②修改列名分别为"购买次数""客户数量"。

③增加"客户总数""占比"两列，其中客户总数列的数据是"2243"。

④用"客户总数"列 /"客户数量"列计算出不同复购次数的占比。

⑤设置"占比"列的数字格式为"百分比，保留 2 位小数"，如图 2-3-11 所示。

图 2-3-11　复购率计算结果

3. 分析客户支付偏好

欣欣连锁便利店支持的支付方式有微信、支付宝和现金 3 种。

（1）创建支付偏好透视表。利用"本周销售数据"工作表，创建支付偏好透视表，将"支付方式"放入"值"区域和"行"区域，设置"值"区域为"计数"方式，效果如图 2-3-12 所示。

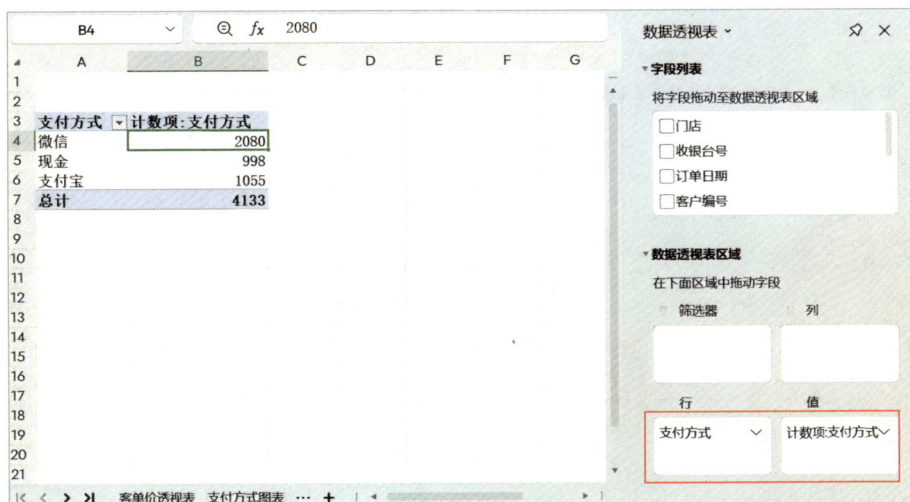

图 2-3-12　支付偏好透视表

（2）计算支付占比。参考复购率的计算方法，复制透视表数据到空白的单元格区域，修改字段名，添加"交易总数"列、"占比"列，然后用"交易次数／交易总数"得出每种交易方式的占比（百分比，保留 2 位小数），如图 2-3-13 所示。

图 2-3-13　计算交易方式占比

四、制作图表

1. 绘制客单价折线图

（1）创建图表。选择客单价透视表中的"日期"列和"客单价"列，单击"插入"选项卡下的"图表"按钮，选择"折线图"，再选择"折线图"子项，选择一个模板，效果如图 2-3-14 所示。

（2）美化图表。修改标题为"本期客单价趋势图"，添加数据标签，添加趋势线，最后效果如图 2-3-15 所示。

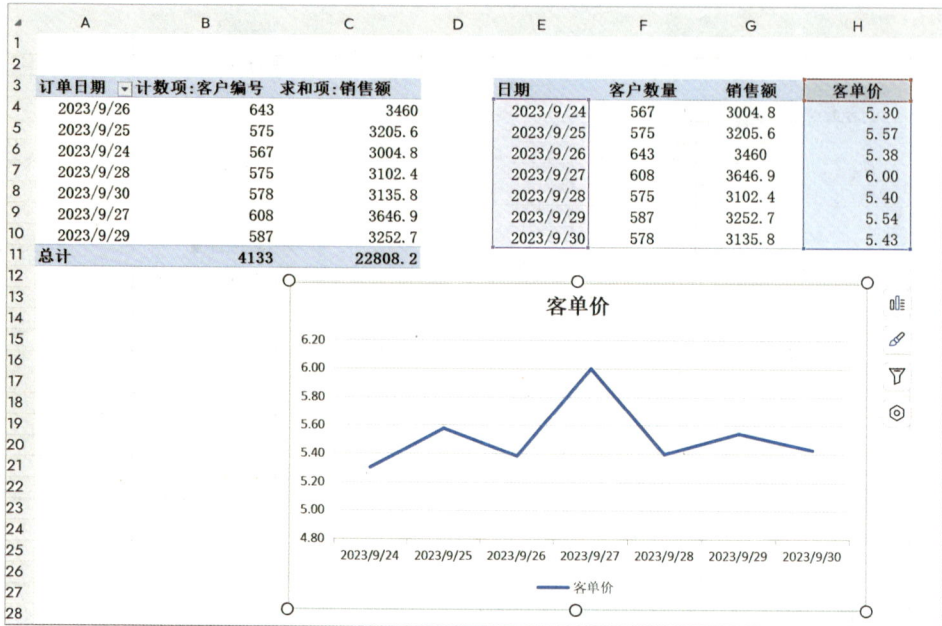

图 2-3-14　创建客单价折线图

图 2-3-15　客单价趋势图

（3）解读图表。本期客单价处于 5.30 和 6.00 之间，整体偏低。说明用户偏向于购买单价较低的商品，建议举办促销活动促成用户一次性购买多个商品或者多次购买，从而提高客单价。

2. 绘制复购率散点图

（1）创建图表。选择复购透视表中的"日期"列和"客单价"列，单击"插入"选项卡下的"图表"按钮，选择"散点图"，再选择"散点图"子项，选择一个模板，效果如图 2-3-16 所示。

复购次数 ▼	计数项:客户编号
1	1036
2	722
3	333
4	115
5	28
6	9
总计	2243

购买次数	客户数量	客户总数	占比
1	1036	2243	46.19%
2	722	2243	32.19%
3	333	2243	14.85%
4	115	2243	5.13%
5	28	2243	1.25%
6	9	2243	0.40%

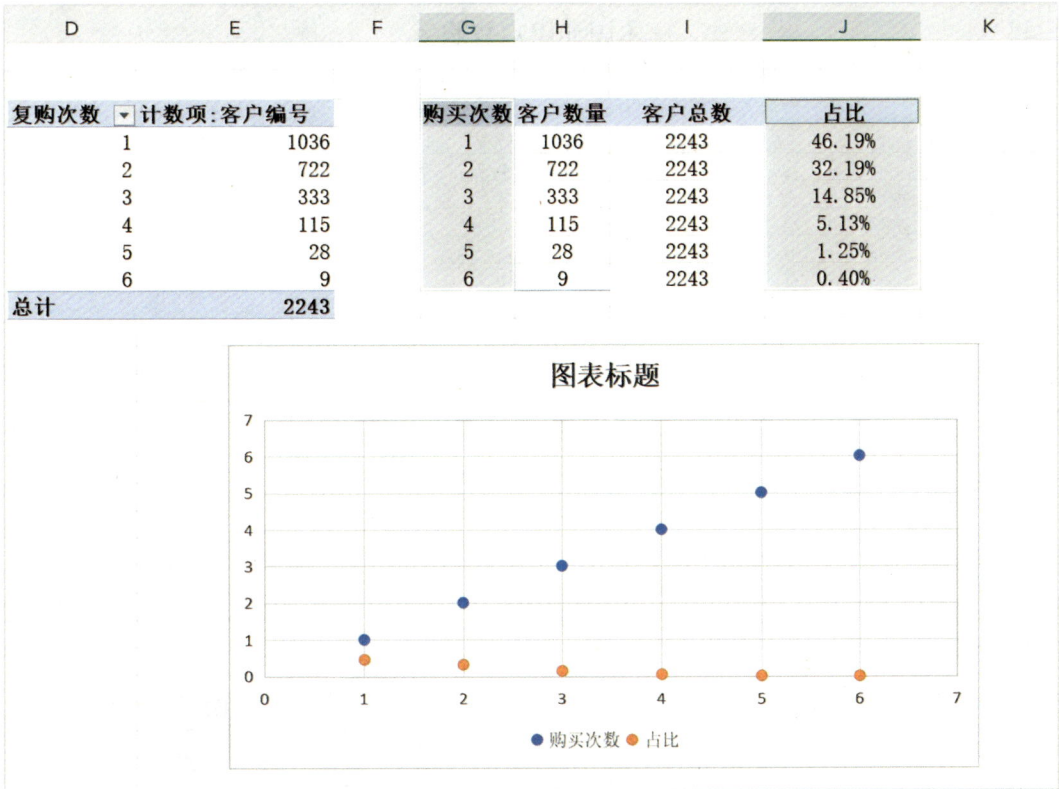

图 2-3-16 创建客单价折线图

（2）美化图表。修改标题为"本周期用户复购率"，添加数据标签，选中占比散点，右击，选择"系列"下的"次坐标轴"，如图 2-3-17 所示，效果如图 2-3-18 所示。

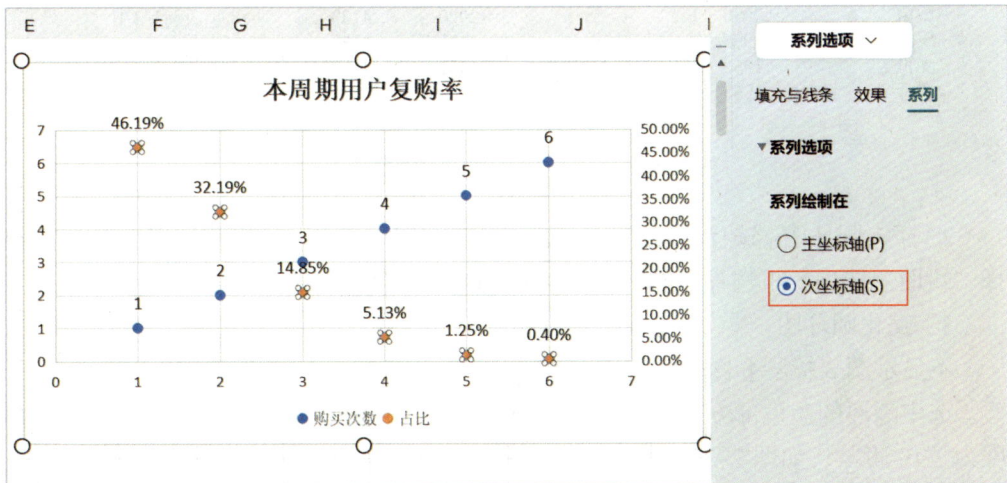

图 2-3-17 设置占比为次坐标轴

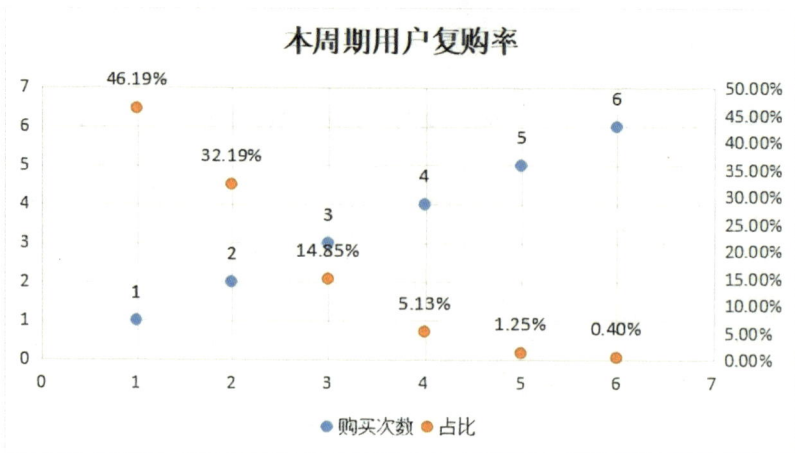

图 2-3-18　复购率效果

（3）解读图表。本周购买次数为 1 次的用户占 46.19%，购买 4 次的用户占 5.13%，购买 5 次及以上的用户仅 1.65%。说明购买用户的流动性较强，建议根据用户喜好调整商品陈列结构，提高用户复购率。

3.绘制支付方式创意圆环图

（1）制作辅助占比。在"支付偏好透视表"中增加"辅助占比"列，如图 2-3-19 所示，并在 H3 单元格中输入"=1-G4"，使 H3 单元格与 G3 单元格之和为 100%，按相同的方法计算 G4、G5 单元格的辅助占比，目的是制作环形图。

图 2-3-19　计算辅助占比

（2）插入圆环图。选择 G3：H5 单元格区域，单击"插入"选项卡下的"图表"按钮，选择"饼图"选项，再选择"圆环"，生成初始圆环图，如图 2-3-20 所示。

（3）美化圆环图。

①不显示图表标题和图例。

②选中圆环的蓝色部分，在"属性"窗格中设置填充色为绿色，线条为绿色，线条宽度为"10 磅"，如图 2-3-21 所示。

③选中圆环的橙色部分，设置填充颜色为浅绿色，透明度为"70%"，边框无线条，如图 2-3-22 所示。

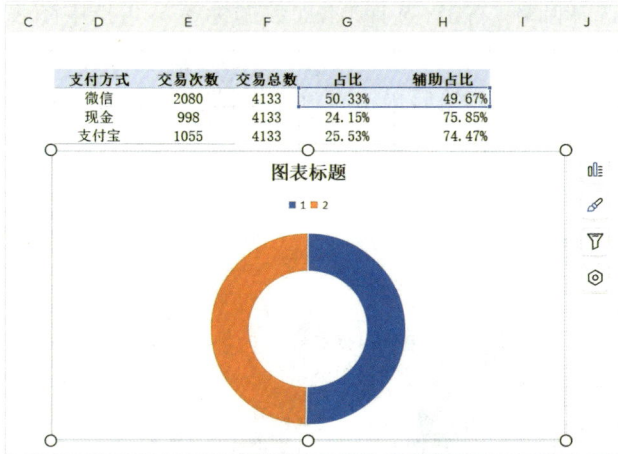

图 2-3-20　创建圆环

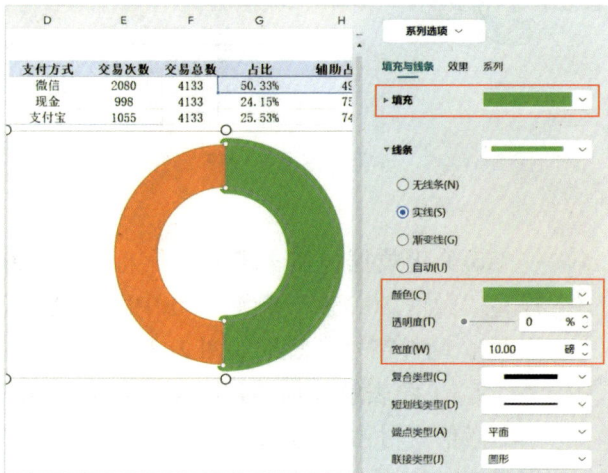

图 2-3-21　更改圆环蓝色部分

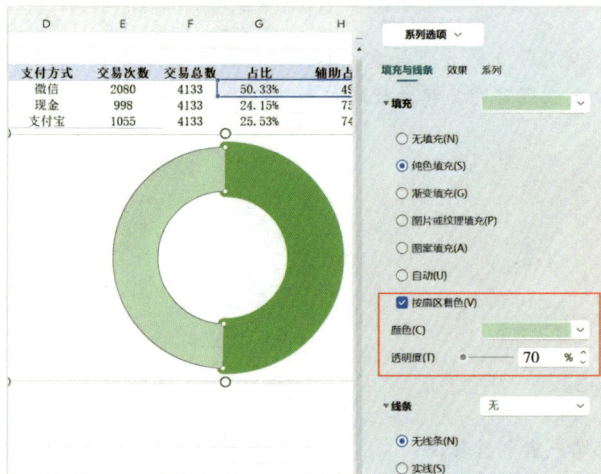

图 2-3-22　更改圆环橙色部分

④添加数据标签。选择圆环，右击，选择"添加数据标签"，再选中图表中的数据标签，右击，选择"设置数据标签格式"，在"属性"窗格中勾选"单元格中的值"，弹出"数据标签区域"框，单击"微信"，然后单击"确定"按钮，如图2-3-23所示。

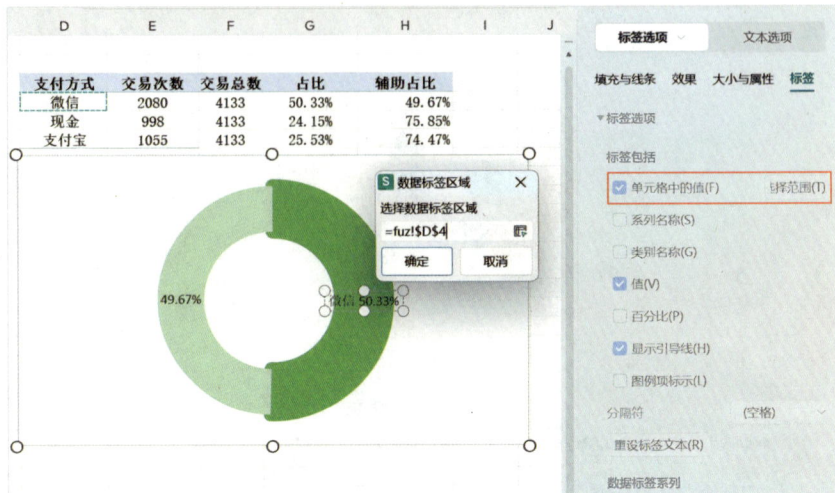

图 2-3-23　设置标签操作过程

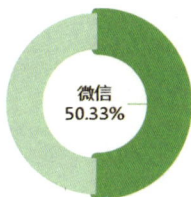

图 2-3-24　微信占比
圆环效果

⑤美化数据标签。删除数字标签"49.67%"，将数字标签"微信50.33%"拖到圆环中间，设置字体为"微软雅黑"，调整字号，效果如图2-3-24所示。

（4）图表解读与建议。从制作的可视化图表中可以看出，微信支付占50.33%，支付宝支付占25.53%，现金支付仅占24.15%，建议重视微信和支付宝等电子支付方式，如

实 践 真 知

"模板有限，创意无限"，请发挥创意，参考微信占比创意圆环图的制作过程，完成支付宝占比、现金占比的创意圆环图，参考效果如图2-3-25和图2-3-26所示。

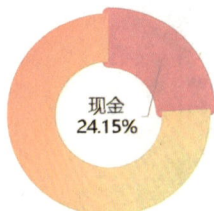

图 2-3-25　现金占比

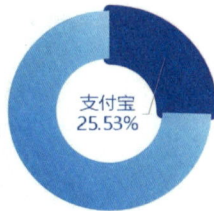

图 2-3-26　支付宝占比

分享你的创意思路或者制作秘诀：

提供足够的支付二维码、优化支付界面等，以便顾客能快速、高效地完成支付。虽然现金支付占比较低，但仍应保留，一方面尊重部分顾客的支付习惯，另一方面以便应对因某些特殊原因无法使用电子支付的情况。

检　查

一、填空题

1. 支付方式占比是指使用各类支付方式交易次数与_____次数的比值。
2. _____常用于表示不同数据点之间的比例关系。
3. _____能够直观地展示两个变量之间的关系。要创建散点图通常需要_____数据。
4. 要在 X 轴与 Y 轴上的数据间进行切换，可单击_____选项卡中的_____按钮。

二、判断题

1. 客单价就是每个用户的平均消费金额。　　　　　　　　　　　　（　　）
2. 复购率越高，说明用户对品牌的忠诚度越高，反之则越低。　　　（　　）
3. 任何数据都可以创建散点图。　　　　　　　　　　　　　　　　（　　）
4. 图表的颜色越多越吸引人，表达效果越好。　　　　　　　　　　（　　）
5. 放置数据透视表的位置可以是新工作表或现有工作表。　　　　　（　　）

三、实战题

用户流失率是一个需要密切关注并努力降低的指标。通过不断优化产品、提升用户体验、调整定价策略、增强用户黏性以及收集和分析数据等方式，企业可以有效地降低用户流失率，保持稳定的用户增长和业务发展。

用户流失率 =（在特定时间段内流失的用户数量 / 该时间段开始时的总用户数量）× 100%

利用本任务的数据源，分析欣欣连锁便利店本周期内的日用户流失率，并制作如

图 2-3-27　本期日客户数和用户流失率

图 2-3-27 所示的流失率图表。

从图 2-3-27 可知，2023 年 9 月 26 日，用户流失率为 -10.58%，表示这天客户是 _____ 状态 (增长 / 流失)。2023 年 9 月 _____ 日的用户流失率最高。

评 价

序号	评价内容	识记	理解	应用	分析	评价	创造	问题
1	用户购买行为指标		√					
2	WPS 表格中的饼图和散点图			√				
3	美化图表的基本要领		√					
4	分析客单价、复购率和支付偏好			√				
5	绘制折线图				√			
6	绘制散点图			√				
7	制作创意圆环图			√			√	

教师诊断评语：

项目三

创建商业数据动态图表展示

　　新能源汽车作为应对环境污染的有效手段之一，受到了各国政府的广泛关注。各国政府纷纷出台相关政策，鼓励人们使用新能源汽车，以期推动产业发展。

　　为了更好地了解新能源汽车的市场动态，逸飞汽车销售公司整理了本公司近5年的新能源汽车销售数据，委托给立新科技公司分析新能源汽车整体销售情况、消费者画像等相关内容。小杨所在的团队承担了此次任务，为完成此任务，他们需具备如下关键知识和技能。

　　◆ **掌握 WPS 表格中动态图表的创建技巧，包括切片器、动态树状图及动态柱形图等工具的运用，能制作交互式图表，提升数据展示效果**

　　◆ **理解 WPS 表格的多维度数据分析能力，通过窗体控件及动态词云等工具的巧妙运用，全面描绘消费者的特征画像，为市场决策提供有力支持**

　　◆ **掌握数据看板的功能和设计原则，能够构建出具有销售数据动态交互分析功能的看板，实现数据的实时监控与分析，为企业管理提供高效支持**

任务一　呈现新能源汽车销售数据

资讯

--- 任务描述：

逸飞汽车销售公司首先希望立新科技公司利用其提供的销售数据，从地域、车型和时间等维度，分析并制作出可交互查看的销售数据可视化图表，以便调整经营决策。小杨所在团队要完成此任务，需具备如下关键知识和技能。

①熟悉 WPS 表格中制作动态图表的操作步骤，具备制作基础动态图表的能力；

②掌握 WPS 表格中的切片工具，能够运用该工具绘制销售数据的交互图表，实现数据的直观展示与交互分析；

③掌握 WPS 表格中的动态树状图及动态柱形图等工具的使用方法，能够制作新能源汽车在各省市的销售动态树状图及动态柱形图，为用户提供便捷的数据查看与选择途径。

--- 知识准备：

一、新能源汽车概述

1. 新能源汽车的概念及分类

广义上的新能源指的是可再生的，可以周而复始不断循环使用的，且对环境污染小、无污染的清洁能源。新能源汽车是指采用非常规的车用燃料作为动力来源（或使用常规的车用燃料、采用新型车载动力装置），综合车辆的动力控制和驱动方面的先进技术，形成的技术原理先进，具有新技术、新结构的汽车。

根据汽车电气化程度高低，可将汽车分为内燃动力汽车、非插电式混合动力汽车、插电式混合动力汽车和纯电动汽车等，如图 3-1-1 所示。

图 3-1-1　汽车电气化驱动图

2. 我国新能源汽车的发展

我国新能源汽车产业历经多个发展阶段，由初创期逐步壮大，现已跃居全球领先地位。在产业初期，政府通过实施"十城千辆"等计划，为新能源汽车产业的起步奠定了坚实基础。随后，财政补贴、税收减免等一系列政策措施的实施，进一步加速了新能源汽车市场的快速增长。近年来，随着技术的不断进步和消费者对新能源汽车认可度的日益提高，我国新能源汽车市场已迈入快速发展阶段，产销量连续多年位居全球首位。与此同时，国内车企在技术研发、产业链完善等方面也取得了显著成效，为新能源汽车产业的全球化进程注入了强劲动力。未来，我国新能源汽车产业将继续秉持规模化、高质量发展的理念，不断推动产业升级和创新发展，为全球新能源汽车产业的可持续发展贡献中国智慧和力量。

二、WPS 表格的折线图

折线图能显示随时间变化的连续数据，常用于显示在相等时间间隔下的数据趋势。在 WPS 表格中的折线图有折线图、堆积、百分比堆积、折线图—标记、堆积—标记、百分比堆积—标记等子类型，如图 3-1-2 所示，不同版本的 WPS 表格的折线图子类型稍有不同，但是使用方法基本一样。

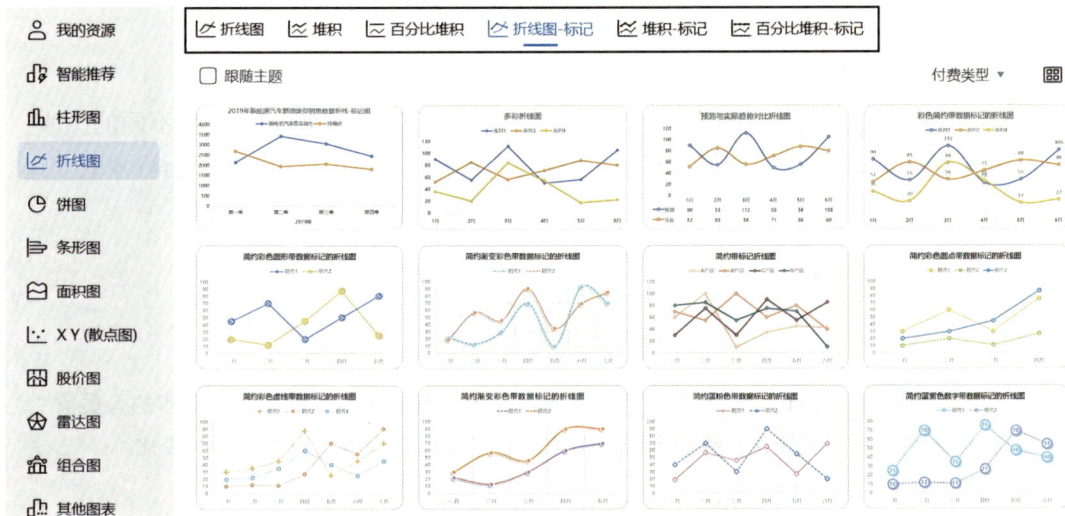

图 3-1-2　折线图种类

•堆积折线图和带数据标记的堆积折线图：堆积折线图用于显示每一数值所占大小随时间或有序类别变化的趋势，可能显示数据点以表示单个数据值，也可能不显示这些数据点。

•百分比堆积折线图和带数据标记的百分比堆积折线图：百分比堆积折线图用于显示每一数值所占百分比随时间或有序类别变化的趋势，可能显示数据点以表示单个数据值，也可能不显示这些数据点。

三、WPS 表格的动态图表

动态图表也称为交互式图表，用户可以通过鼠标改变不同选项，选择不同的数据源，从而生成相应的图表。与普通的静态图表相对，它更加丰富、灵活和智能。

常见的动态图表制作方法有插入切片器、使用动态图表模板、使用控件与函数 3 种，如图 3-1-3—图 3-1-5 所示。

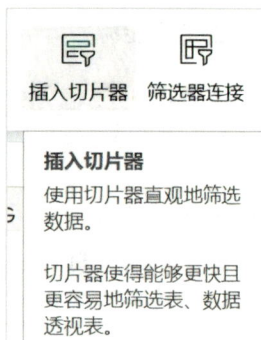

图 3-1-3 插入切片器

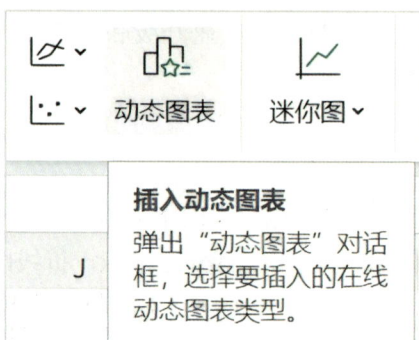

图 3-1-4 使用动态图表模板

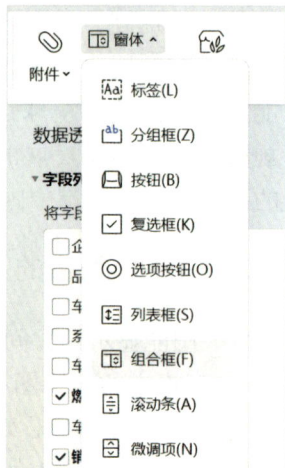

图 3-1-5 使用控件

•切片器：直观筛选数据，达成图表变化。

•动态图表：能直接在图表上显示鼠标的提示信息，或直接选择产生不同的图表，是一种在线图表，操作时必须保持网络畅通，有些动态图表还需要 WPS 会员才能使用。

•控件：通常与函数连用，达成与用户交互的目的。

岗 证 须 知

动态图表被广泛运用于各个行业和领域，从事数据分析和可视化相关工作的人员需具备动态图表的相关知识，并能选择、制作恰当的动态图表展示数据的实时变化。

计划&决策

为了满足用户对新能源汽车销售数据的分析需求，小杨所在团队计划从时间维度、地域维度和车型维度对新能源汽车的销售数据进行分析，然后将分析结果制作成系列动态图表，方便用户选择和查看，如图 3-1-6 所示。每个图表都能实现与用户交互。

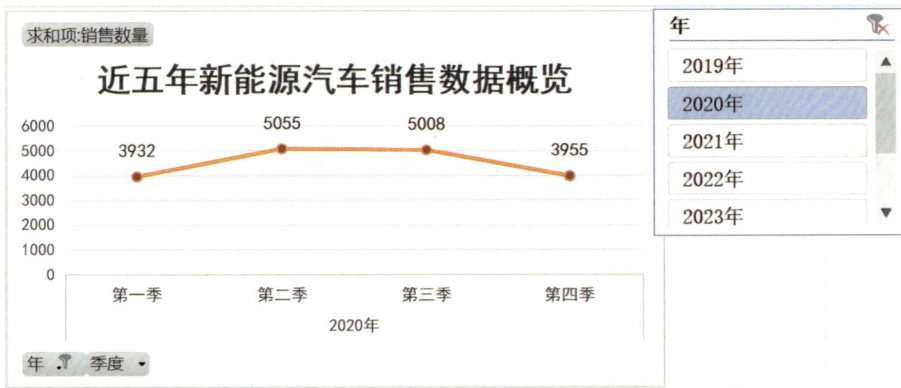

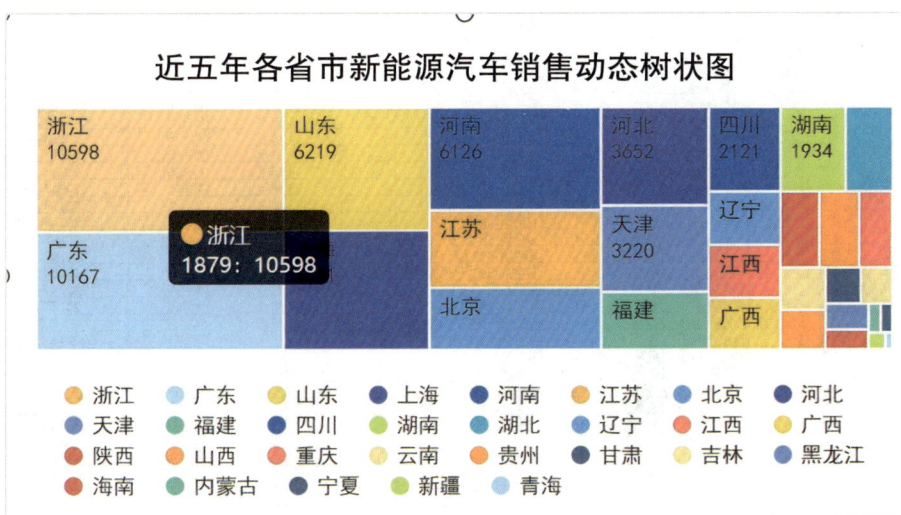

图 3-1-6　数据分析图表

实 施

一、清洗数据

（1）打开数据源。启动 WPS 表格，打开配套素材中的“近五年新能源销售数据.xlsx”工作簿文件，如图 3-1-7 所示。

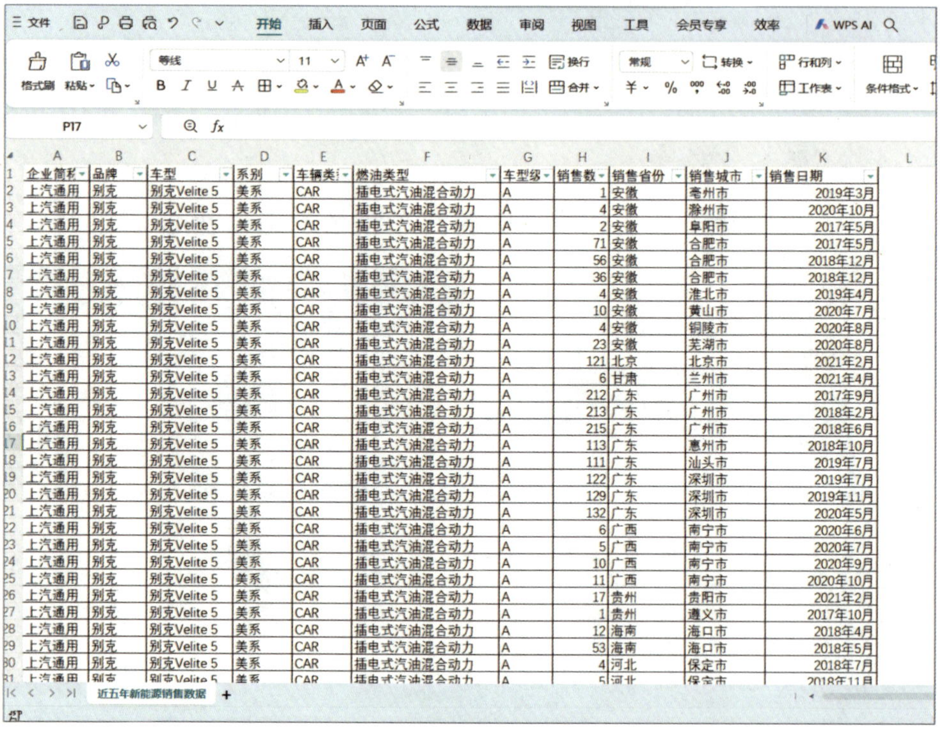

	企业简称	品牌	车型	系别	车辆类	燃油类型	车型级	销售数	销售省份	销售城市	销售日期
2	上汽通用	别克	别克Velite 5	美系	CAR	插电式汽油混合动力	A	1	安徽	亳州市	2019年3月
3	上汽通用	别克	别克Velite 5	美系	CAR	插电式汽油混合动力	A	4	安徽	滁州市	2020年10月
4	上汽通用	别克	别克Velite 5	美系	CAR	插电式汽油混合动力	A	2	安徽	阜阳市	2017年5月
5	上汽通用	别克	别克Velite 5	美系	CAR	插电式汽油混合动力	A	71	安徽	合肥市	2017年5月
6	上汽通用	别克	别克Velite 5	美系	CAR	插电式汽油混合动力	A	56	安徽	合肥市	2018年12月
7	上汽通用	别克	别克Velite 5	美系	CAR	插电式汽油混合动力	A	36	安徽	合肥市	2018年12月
8	上汽通用	别克	别克Velite 5	美系	CAR	插电式汽油混合动力	A	4	安徽	淮北市	2019年4月
9	上汽通用	别克	别克Velite 5	美系	CAR	插电式汽油混合动力	A	10	安徽	黄山市	2020年7月
10	上汽通用	别克	别克Velite 5	美系	CAR	插电式汽油混合动力	A	4	安徽	铜陵市	2020年8月
11	上汽通用	别克	别克Velite 5	美系	CAR	插电式汽油混合动力	A	23	安徽	芜湖市	2020年8月
12	上汽通用	别克	别克Velite 5	美系	CAR	插电式汽油混合动力	A	121	北京	北京市	2021年2月
13	上汽通用	别克	别克Velite 5	美系	CAR	插电式汽油混合动力	A	6	甘肃	兰州市	2021年4月
14	上汽通用	别克	别克Velite 5	美系	CAR	插电式汽油混合动力	A	212	广东	广州市	2017年9月
15	上汽通用	别克	别克Velite 5	美系	CAR	插电式汽油混合动力	A	213	广东	广州市	2018年2月
16	上汽通用	别克	别克Velite 5	美系	CAR	插电式汽油混合动力	A	215	广东	广州市	2018年6月
17	上汽通用	别克	别克Velite 5	美系	CAR	插电式汽油混合动力	A	113	广东	惠州市	2018年10月
18	上汽通用	别克	别克Velite 5	美系	CAR	插电式汽油混合动力	A	111	广东	汕头市	2019年7月
19	上汽通用	别克	别克Velite 5	美系	CAR	插电式汽油混合动力	A	122	广东	深圳市	2019年7月
20	上汽通用	别克	别克Velite 5	美系	CAR	插电式汽油混合动力	A	129	广东	深圳市	2019年11月
21	上汽通用	别克	别克Velite 5	美系	CAR	插电式汽油混合动力	A	132	广东	深圳市	2020年5月
22	上汽通用	别克	别克Velite 5	美系	CAR	插电式汽油混合动力	A	6	广西	南宁市	2020年6月
23	上汽通用	别克	别克Velite 5	美系	CAR	插电式汽油混合动力	A	5	广西	南宁市	2020年7月
24	上汽通用	别克	别克Velite 5	美系	CAR	插电式汽油混合动力	A	10	广西	南宁市	2020年9月
25	上汽通用	别克	别克Velite 5	美系	CAR	插电式汽油混合动力	A	11	广西	南宁市	2020年10月
26	上汽通用	别克	别克Velite 5	美系	CAR	插电式汽油混合动力	A	17	贵州	贵阳市	2021年2月
27	上汽通用	别克	别克Velite 5	美系	CAR	插电式汽油混合动力	A	1	贵州	遵义市	2017年10月
28	上汽通用	别克	别克Velite 5	美系	CAR	插电式汽油混合动力	A	12	海南	海口市	2018年4月
29	上汽通用	别克	别克Velite 5	美系	CAR	插电式汽油混合动力	A	53	海南	海口市	2018年5月
30	上汽通用	别克	别克Velite 5	美系	CAR	插电式汽油混合动力	A	4	河北	保定市	2018年7月
31	上汽通用	别克	别克Velite 5	美系	CAR	插电式汽油混合动力	A	5	河北	保定市	2018年11月

图 3-1-7 数据源界面

（2）浏览数据。浏览数据源，发现数据表有 8 021 条记录、11 个字段（见表 3-1-1）。

表 3-1-1 数据字段

序号	字段名称	字段类型
1	企业简称	字符型
2	品牌	字符型
3	车型	字符型
4	系别	字符型
5	车辆类型	字符型
6	燃油类型	字符型
7	车型级别	字符型
8	销售数量	数值型
9	销售省份	字符型
10	销售城市	字符型
11	销售日期	日期型

（3）清洗重复数据。全选数据，单击"数据"选项卡下的"重复项"按钮，选择"删除重复项"选项，系统找到17条重复记录，如图3-1-8所示。单击"删除重复项"按钮，去除重复记录。

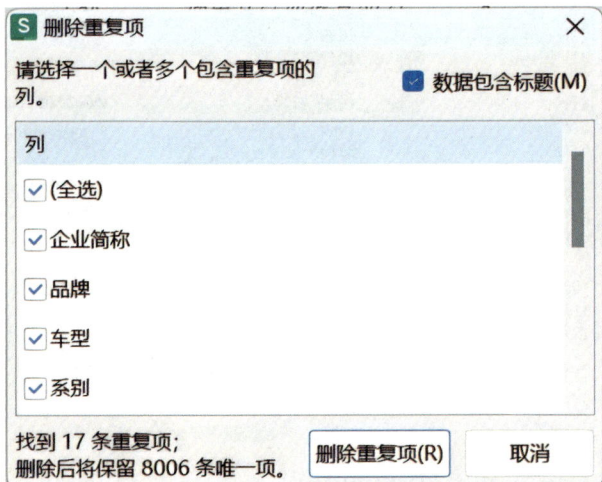

图3-1-8　删除重复数据

（4）清洗错漏数据。通过查找空值单元格，发现该数据源无空值数据。通过筛选销售数量为负值、销售日期值不在目标范围内的单元格，发现没有错漏数据。

二、制作图表

1. 制作近5年销售数据动态折线图

要实现用户可以选择查看每年的销售数据趋势，可使用切片器来选择数据源，实现折线图同步变化。

（1）建立近五年销售数据透视表。选择"近五年新能源销售数据"工作表，单击"数据"选项卡下的"数据透视表"按钮，在弹出的对话框中，选择"新工作表"，单击"确定"按钮，则在新工作表中生成了空的数据透视表。

（2）布局数据透视表区域。将"销售日期"拖到"行"区域，将"销售数量"拖到"值"区域，并设置"销售数量"字段的汇总方式为"求和"。

（3）组合"销售日期"列。选中"销售日期"列的任意单元格，右击，在弹出的菜单中选择"组合"，在组合窗口中选择"季度"和"年"，如图3-1-9所示，单击"确定"按钮后，数据透视表的效果如图3-1-10所示。

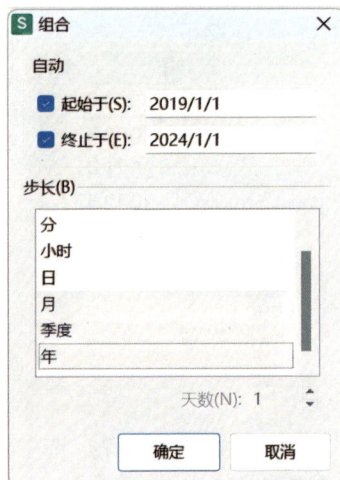

图3-1-9　按季度和年组合销售日期

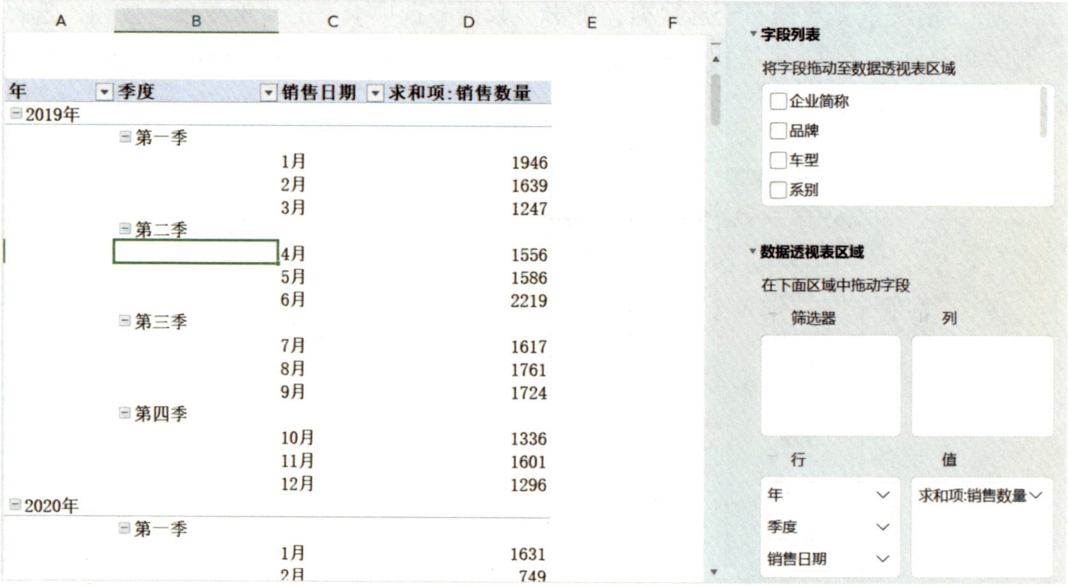

图 3-1-10　组合销售日期效果

实 践 真 知

观察图 3-1-10 所示的数据透视表，回答下列问题。

（1）数据透视表的字段列表内容来自于哪里？

（2）隐藏所有季度，只显示年，交换"季度"和"销售日期"两列的位置，效果如图 3-1-11 所示。

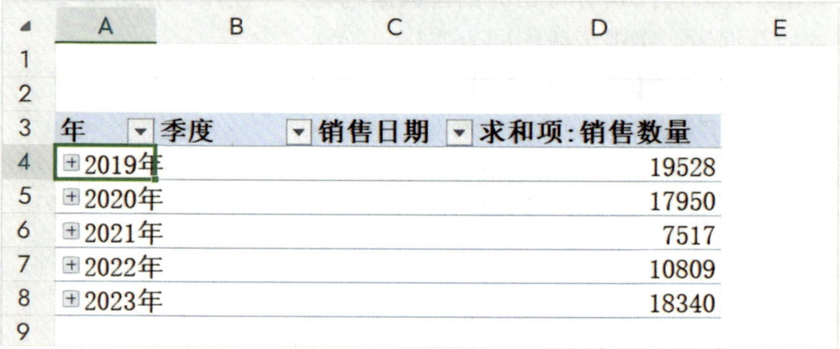

图 3-1-11　隐藏所有季度的效果

（4）创建透视图表。选中数据透视表中的任意单元格，单击"插入"选项卡下的"数据透视图"按钮，选择"折线图"选项，在弹出的对话框中选择"折线图—标记"子项，双击第 1 个模板，效果如图 3-1-12 所示。

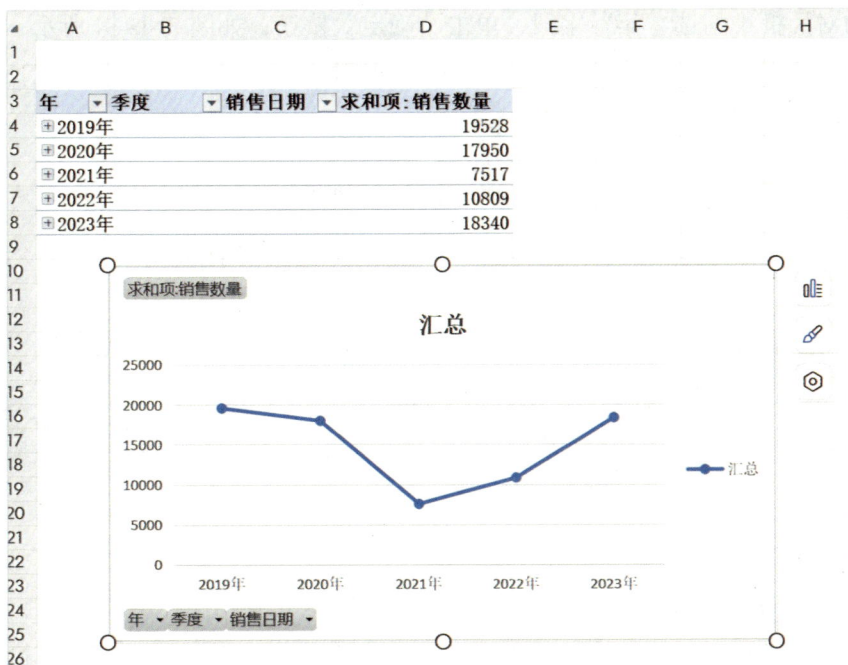

图 3-1-12　创建折线图

（5）美化图表。将标题修改为"新能源汽车销售数据折线图"，字体设为"黑体、16 号"。添加数据标签。去掉图例。将折线改为橙色，参考效果如图 3-1-13 所示。

图 3-1-13　美化后的折线图

（6）解读图表。从图 3-1-13 可知，2019 年新能源汽车销量最高、2021 年销量最低，随后逐步上涨。

（7）插入切片器，制作交互图表。单击"分析"选项卡下的"插入切片器"按钮，在弹出的对话框中勾选"年"字段，单击"确定"按钮，如图 3-1-14 所示，生成年选择器，将选择器与图表排列整齐，效果如图 3-1-15 所示。

图 3-1-14 "插入切片器"对话框

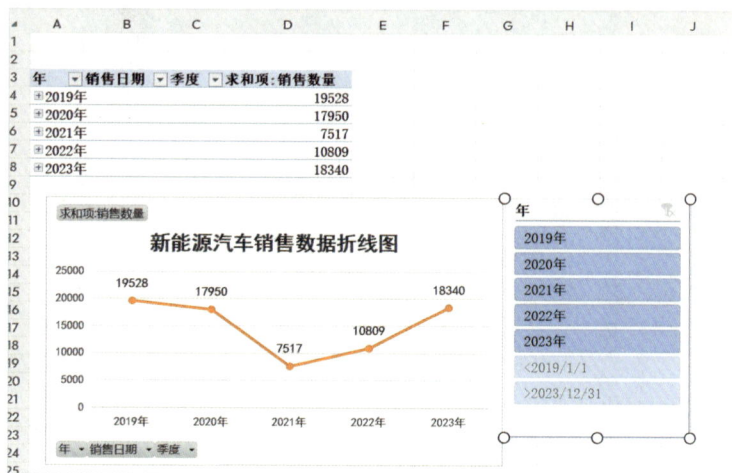

图 3-1-15 插入切片器的效果

（8）操作切片器，验证交互图表。选择 2019 年，并展开季度数据，如图 3-1-16 所示，可以看到图表中仅显示 2019 年各季度的销售数据。按同样方法查看其余各年每季度的销售数据。

图 3-1-16 2019 年各季度的销售折线图

2. 制作各省市销量动态树状图表

动态树状图表是通过矩阵面积直观展示数量大小，使得用户能够迅速获取并理解数据信息。

（1）建立各省市销量数据透视表。选择"近五年新能源销售数据"工作表，单击"数据"选项卡下的"数据透视表"按钮，在弹出的对话框中，选择"新工作表"，单击"确定"按钮，在新工作表中生成了空的数据透视表。

（2）布局数据透视表区域。将"销售省份"拖到"行"区域，将"销售数量"拖到"值"区域，设置"销售数量"字段的汇总方式为"求和"。

（3）创建动态树状图表。选择数据透视表中的"A3:B34"单元格区域，单击"插入"选项卡下的"动态图表"按钮，选择"树状图"，再选择一个模板，生成图表的初始状态如图 3-1-17 所示。当鼠标移到该省份的相应区域时，将显示该省份的销售数据，详细信息尾随鼠标显示，效果如图 3-1-17 所示。

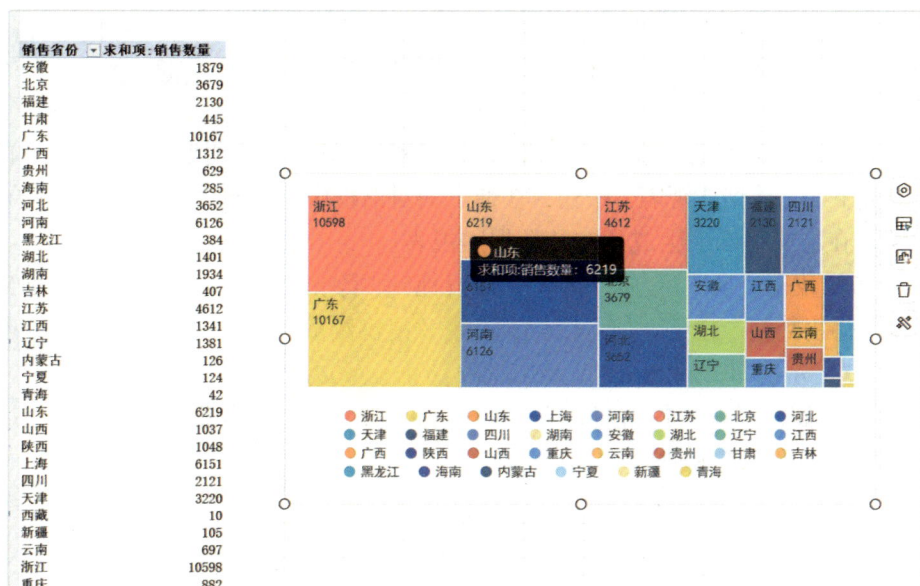

图 3-1-17　动态树状图初始效果

（4）美化图表。右击动态图表区域，选择"设置图表区域格式"命令，打开如图 3-1-18 所示的"对象美化"属性窗格，设置标题为"新能源各省市销量动态树状图"，字体设为"黑体、28 号"，上居中。还可以根据需要设置，展示其他属性。

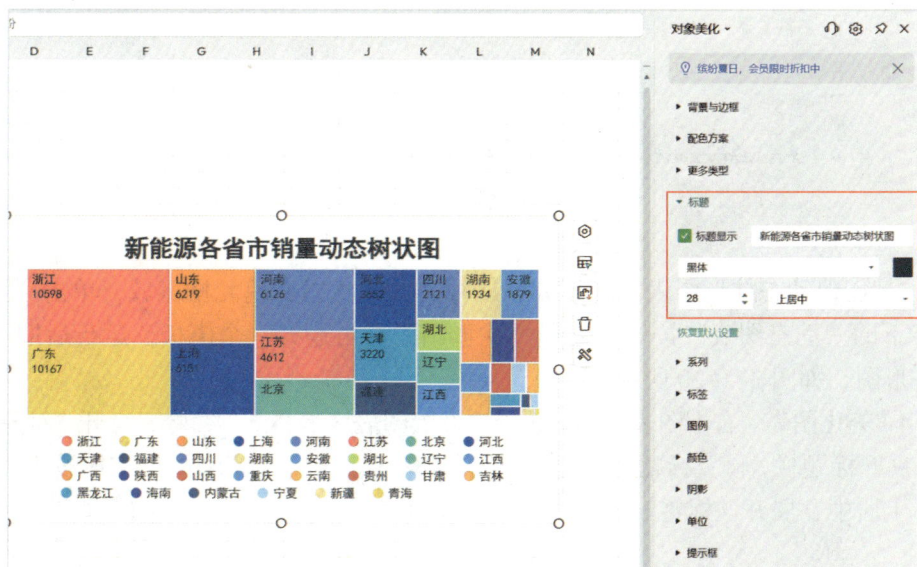

图 3-1-18　"对象美化"窗格

（5）图表解读。根据树状图表的展示可以看出：近五年来，浙江省的销量最为突出，广东省紧随其后。西藏销量则相对较少，随着经济快速发展，销售潜力巨大。建议在维持浙江省销售优势的同时，积极调整营销策略，加大对西部省份的市场开拓力度。

3. 制作车辆类型销量动态柱形图

动态柱形图表为用户提供了直观且交互性强的数据可视化体验，用户可以通过简单的操作迅速获取和理解个性化数据信息。

> 微 课
> 使用内置模板
> 制作动态柱形图

（1）建立车辆类型销量数据透视表。选择"近五年新能源销售数据"工作表，单击"数据"选项卡下的"数据透视表"按钮，在弹出的对话框中，选择"新工作表"，单击"确定"按钮，在新工作表中生成了空的数据透视表。

（2）布局数据透视表区域。将"年"字段拖到"行"区域，将"车辆类型"拖到"列"区域，将"销售数量"拖到"值"区域，设置"销售数量"字段的汇总方式为"求和"，如图 3-1-19 所示。

提示：前面已经对"销售日期"字段进行了按"季""年"组合，这些字段会在字段列表中，后面可直接使用。

图 3-1-19　布局汽车类型销量透视表

（3）创建动态柱形图表。选择数据透视表中的 A4:D9 单元格区域，单击"插入"选项卡下的"动态图表"按钮，选择"柱形图"，再选择一个模板，运行后即可创建动态柱形图，如图 3-1-20 所示。

（4）美化图表。右击图表区域，选择"设置图表区域格式"命令，打开"对象美化"窗格。展开标题栏，设置标题为"新能源汽车类型销量动态柱形图"，字体设为"黑体、28"，上居中；展开"标签"选项，勾选"标签显示"，效果如图 3-1-21 所示。

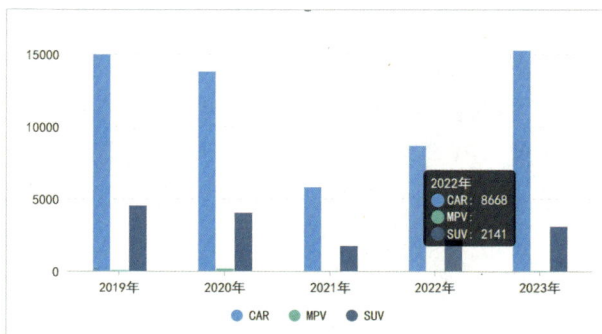

图 3-1-20　动态柱形图初始状态

图 3-1-21　美化图表后的效果

（5）体验图表交互。当鼠标悬停在柱体上时，会出现该柱体的相关数据信息，如图 3-1-20 所示。单击图例，如单击"CAR"和"MPV"，则隐藏掉这两种车型的柱体，只显示 SUV 车型的销售情况，从而达成图表交互显示数据的效果，如图 3-1-22 所示。

图 3-1-22　新能源 SUV 车型的销售情况

（6）解读图表。图 3-1-21 所示的动态柱形图清晰地反映了近五年来新能源汽车市场中 3 种车辆类型（CAR、SUV、MPV）的销售趋势。从图中可以明显看出，CAR 车型每年的销量均位居榜首，而 MPV 车型则表现相对较差。这一现象的背后，实则与消费者的需求、车辆的外观以及多种实际使用因素紧密相连。如 CAR 车型尺寸小巧、价格适中，满足了消费者便于驾驶、停放的需求；MPV 车型虽然在空间和承载能力上有一定优势，但许多消费者认为其外观设计保守，经济性、操控性等方面有待提升。因此，建议加大对 CAR 车型的宣传力度，进一步突出其小巧、经济、实用的特点，以吸引更多潜在消费者。针对 MPV 车型，可以给生产厂家提出建议，希望从设计、性能等多个方面入手进行改进，提升其外观时尚度和驾驶舒适度，以满足更多消费者的需求。

实 践 真 知

探索 WPS 的动态图表，回答下列问题。

（1）WPS 提供了多少种动态图表？分别是什么图表？

（2）动态图表的格式设置包括哪些方面？分别试一试，使图表更美观实用。

（3）使用切片器分析数据，并进行可视化展示，总结相关的注意事项。

三、保存文件

保存文件名为"新能源汽车销售数据概览"，文件类型默认为 WPS 工作簿，文件格式为"xlsx"。

技 赛 必 备

在大数据技术应用与数据可视化等领域的技能大赛中，参赛者需精通数据可视化分析流程，能够深入理解数据的内在关联与趋势，确保分析结果的准确性与有效性；需利用可视化软件制作出基本的数据透视表，以实现对数据的快速汇总、分类与分析；需使用切片器功能，快速筛选并查看满足特定要求的数据，提高数据处理的效率与准确性。

检 查

一、填空题

1. 折线图能显示随_____而变化的连续数据，常用于显示在_____间隔下数据的趋势。

2. WPS 表格中的折线图有_____、_____、_____、_____、堆积—标记、百分比堆积—标记等子类型。

3. WPS 表格提供了图表、动态图表和迷你图，其入口都在"_____"选项卡内。

4. 动态图表也称为_____，用户可以通过鼠标改变不同选项，选择不同的数据源，从而生成相应的图表。

5. 在插入切片器前，要先插入_____。

二、判断题

1. 百分比堆积折线图用于显示每一数值所占大小随时间或有序类别变化的趋势。

（   ）

2. WPS表格文件的扩展名有 xls 和 xlsx 等格式。（   ）

3. 数据可视化分析得到的结果都是正确的。（   ）

4. 堆积折线图用于显示每一数值所占百分比随时间或有序类别变化的趋势。（   ）

5. 任何情况下，带数据标记的折线图都比折线图好。（   ）

6. 动态图表与普通的静态图表相比，更加丰富、灵活和智能。（   ）

三、实战题

利用本任务中的"近五年新能源销售数据"工作表，制作如图 3-1-23 所示的不同车系销量占比圆环图。

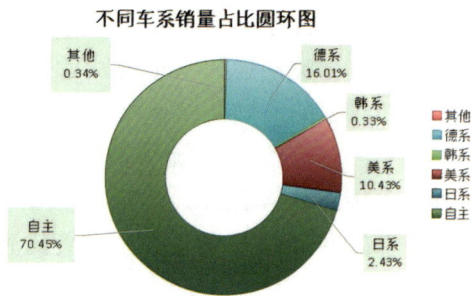

图 3-1-23 不同车系销量占比圆环图

评 价

序号	评价内容	识记	理解	应用	分析	评价	创造	问题
1	新能源汽车的概念和分类	√						
2	折线图的分类与应用			√				
3	WPS 表格动态图表的操作流程			√				
4	使用切片器制作交互图表			√				
5	制作动态树状图表						√	
6	制作和使用动态柱形图表					√		
教师诊断评语：								

任务二　描绘新能源汽车消费者画像

资讯

--- **任务描述：**

　　逸飞汽车销售公司还希望立新科技公司利用其专业能力和已有的销售数据，对新能源汽车客户的购车行为进行多维度分析，包括但不限于车系、车型、车企以及燃油类型等方面，将分析结果以直观的动态可视化图表呈现。小杨所在团队继续完成此项任务，为确保任务顺利完成，他们需要掌握以下关键知识和技能：

　　①了解影响新能源汽车消费者购买行为的因素，能选择恰当的数据分析指标，以确保分析结果的准确性和有效性；

　　②掌握 WPS 表格的窗体控件和函数使用方法，能制作具有交互功能的动态图表，以便直观传达数据信息；

　　③掌握 WPS 表格的动态图表美化流程和技巧，能美化动态图表，提升视觉吸引力。

--- **知识准备：**

一、影响新能源汽车消费者购买行为的因素

　　新能源汽车消费者的购买行为受多重因素的影响。环保、节能、健康认知影响购买意愿，价格、续航里程、充电设施为实际制约因素。环保意识提升，消费者倾向于选择新能源汽车，企业应确保合理定价，符合消费者的购买力。续航里程和充电设施对满足长途出行需求至关重要，政府及企业应加大充电桩建设投入，提高充电设施普及度。品牌和口碑在消费者选择时起重要作用，知名品牌和良好的口碑更易获得消费者信任。

二、WPS 表格的多维度分析

1. 多维分析的概念

　　多维分析是一种多角度、多维度对数据进行分析的方法。其广泛应用于市场调研、销售分析、财务分析等领域，帮助决策者进行更有效的决策。WPS 数据表提供了多维分析功能，能帮助用户在一个数据表中同时从多个维度进行分析。

2. 维度和度量

　　维度和度量是构建图表的重要组成部分，也是进行多维分析的基础概念。

　　维度（Dimension）是指数据中被分析的特征或属性，可以将维度理解为数据表中的列。这些列一般是字符型数据，如"新能源汽车销售表"中的企业名称、品牌、燃

油类型、系别、车型等是维度。

度量（Measure）是指用于衡量和计算的数值，特征是数值型，可进行运算，如销售金额、利润率、销售数量等是度量。

3. 维度和度量的生成

WPS 表格能根据表中数据类型自动生成图表的维度和度量，也可以根据表中数据手动选择新的维度或度量。有的维度和度量之间还可以转换，如柱形图或折线图中的行列可以互换。

当向数据透视表中添加度量时，WPS 会自动对它的值进行汇总。常见的度量值汇总方式有求和、计数、平均值、最大值、最小值、乘积、数值计数、标准方差、方差等，如图 3-2-1 所示。

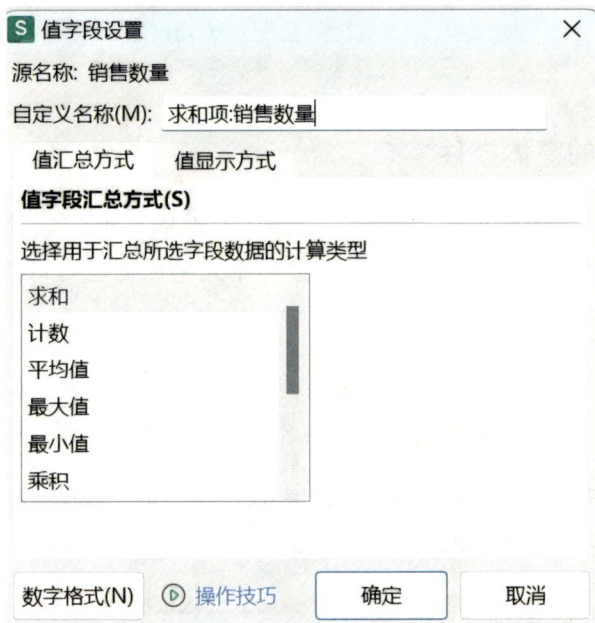

图 3-2-1　度量值汇总方式

求和：返回度量中的数字之和，忽略 Null 值。如度量 1 2 2 3 的总和为 8。

平均值：返回度量中的数字算术平均值，忽略 Null 值。如度量 1 2 2 3 的值为 2。

计数：返回度量或维度中所有值的个数，如度量 1 2 2 3 的计数为 4。

最大值：返回度量中数字最大的一个，忽略 Null 值。如度量 1 2 5 8 9 的最大值为 9。

4. 多维分析的方法和步骤

在 WPS 表格中使用数据透视表进行多维分析，数据透视表的 4 个区域，可以放置数据表的不同字段，一般将具有维度特征的字段放置在"行"区域，或者"列"区域，将具有度量特征的字段放置在"值"区域，将重点分析的字段内容放置在"筛选"区域，以实现数据的排序、汇总、筛选等功能。图 3-2-2 所示是从品牌、时间、企业和销售数量 4 个维度进行分析。

图 3-2-2　数据透视表实现多维分析

三、WPS 表格的窗体控件

WPS 表格的窗体控件包含标签、分组框、按钮、复选框、列表框、组合框、微调项等。使用窗体控件制作动态图表时，需要使用函数对单元格数据进行计算，常用的函数有 index()、column()、rows()、if()。

赛证必备

在商务数据分析技能大赛中，涉及客户数据分析内容，要求参赛者能明确客户特征，配置数据源，并制作图表展示数据。

计划&决策

在新能源汽车市场中，消费者对于驾驶性能、智能化程度、购车优惠以及服务质量等因素的考量，无疑是影响购车决策的关键因素。这些考量因素直接关联着新能源汽车的销售和生产。

小杨所在团队计划从车系、车型、车企、燃油类型等多维度分析新能源汽车消费者的购买行为数据，然后利用 WPS 表格制作动态图表，展示消费者的购车行为画像，最后美化动态图表，添加动态元素，增强图表可读性和信息表达效果。

预期效果如图 3-2-3 所示。

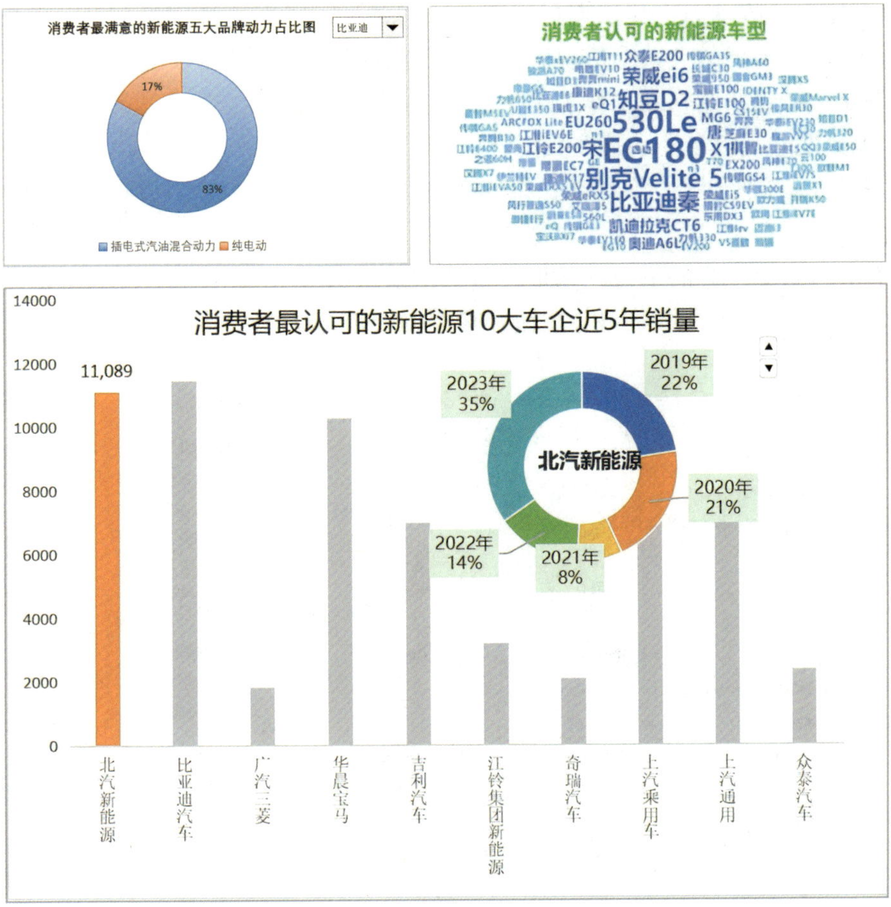

图 3-2-3 消费者购买行为分析

实 施

一、确定分析指标

将从消费者认可的车型、车企、燃油类型 3 个维度分析购买数据。

二、准备数据源

打开配套素材中的"新能源汽车销售数据.xlsx"工作簿文件。

三、制作图表

1. 制作消费者最满意的新能源五大品牌动力占比动态图

交互式动态饼图提供用户与数据之间的即时交互，如用户选择一种品牌，立即展示该品牌的动力占比销售量，从而了解消费者对该品牌各种动力类型汽车的喜好情况。

微 课

使用窗体控件和函数制作动态圆环图

（1）建立品牌动力占比数据透视表。选择"近五年新能源销售数据"工作表，单击"数据"选项卡下的"数据透视表"按钮，在打开的对话框中，选择"新工作表"，单击"确定"按钮，则在新工作表中生成了空的数据透视表。

（2）数据透视表布局和筛选数据。

①将"品牌"拖到"行"区域，将"燃油类型"拖放到"列"区域，将"销售数量"拖到"值"区域。

②单击"品牌"旁的下拉三角形，选择"值筛选→前10项"，在打开的对话框中将数量改为"5"，单击"确定"按钮，筛选设置及结果如图3-2-4所示。

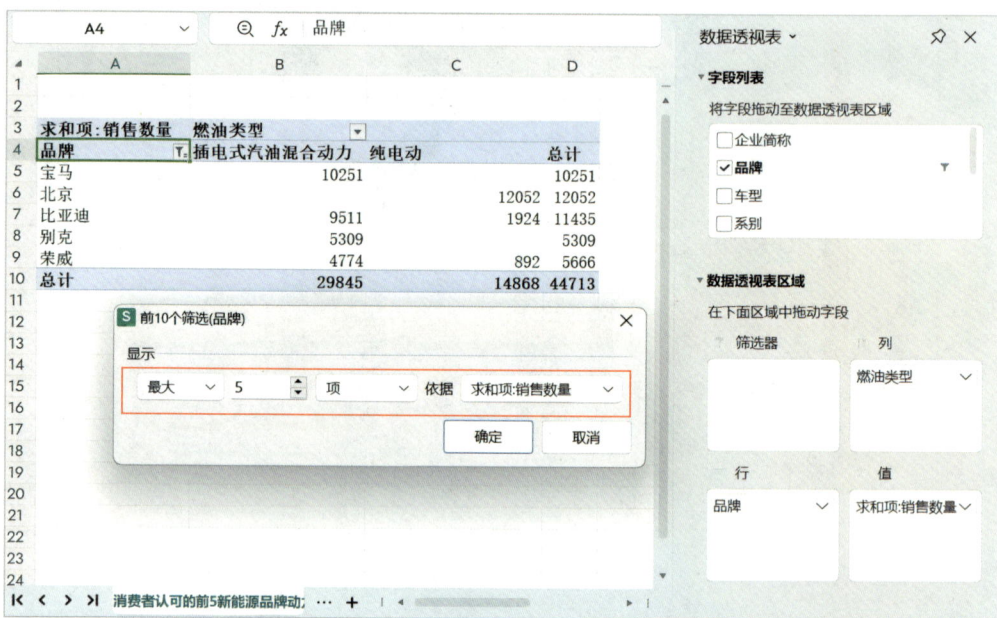

图 3-2-4　数据透视表布局和筛选前 5 项

（3）添加序号列。在透视表的 A 列左侧插入一列，在 A4 单元格输入"序号"，在 A5:A9 单元格区域输入序号"1-5"。

（4）创建组合框控件。将光标定位在 F13 单元格，单击"插入"选项卡下的"窗体"按钮，选择"组合框"，在 F13 单元格里绘制一个组合框。

（5）设置组合框属性。右击组合框，选择"设置对象格式"命令，打开"设置对象格式"对话框，在"控制"选项卡下，选择数据源区域为"=$B$5:$B$9"（品牌），在单元格链接中输入"=$A$13"，单击"确定"按钮，如图3-2-5所示。

（6）插入 index 函数。

①单击组合框的下拉三角形，可以在里面选择汽车品牌，如"宝马"，此时在 A13 单元格会出现品牌对应的序号"1"。

②复制 B4:D4 单元格区域的文字到 B12:D12。在 B13 单元格插入函数 index，即输入"=index($A$5:$D$9,$A$13,column())"，按回车键确定，如图3-2-6所示。

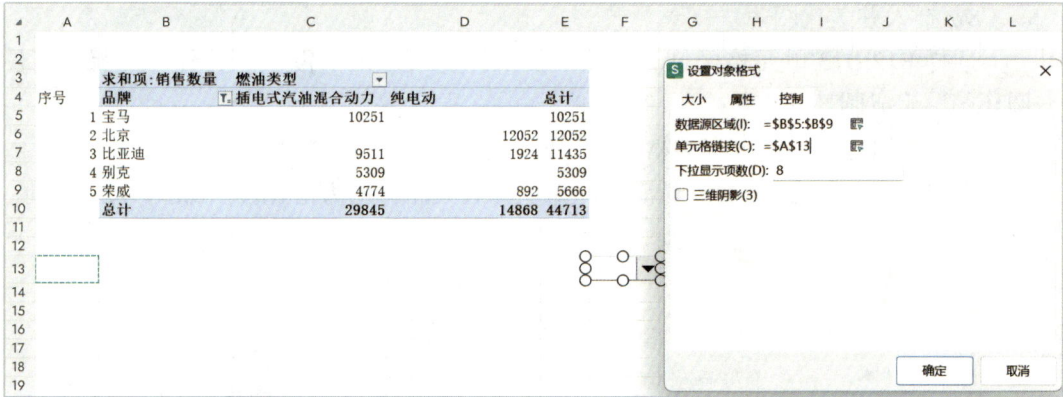

图 3-2-5　设置组合框属性

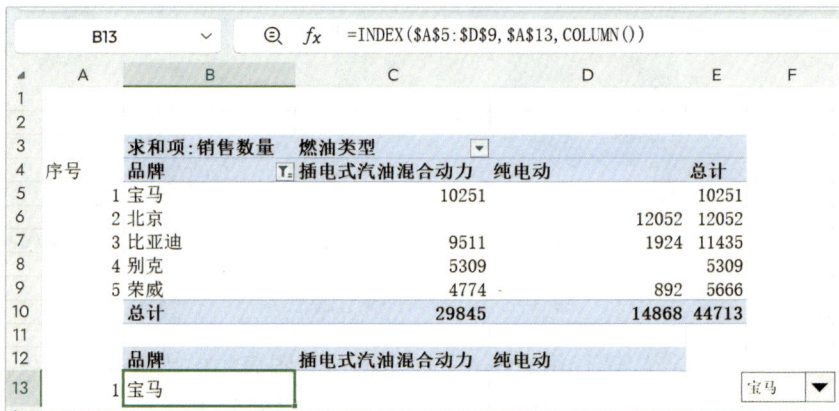

图 3-2-6　插入 index 函数

（7）复制填充公式。使用填充柄将 B13 单元格的公式复制并填充到 C13:D13 单元格区域，如图 3-2-7 所示。

图 3-2-7　复制填充公式

（8）插入并美化图表。

①选择 B12:D13 单元格区域，单击"插入"选项卡的"图表"按钮，选择"饼图→圆环图"生成圆环图表。

②添加数据标签，设置标签格式为"值""百分比"和"引导线"。

③添加图表标题为"消费者最满意的新能源五大品牌动力占比图"，如图 3-2-8 所示。

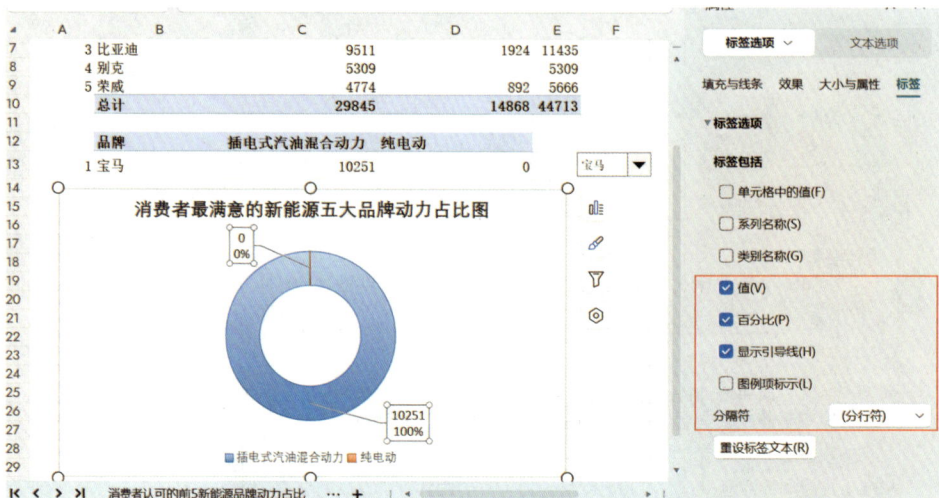

图 3-2-8　插入并美化图表

（9）动态显示图表内容。选择组合框中的其他选项，图表中的内容会跟着发生变化，从而形成实时动态图表，如图 3-2-9 所示是选择比亚迪后的图表效果。

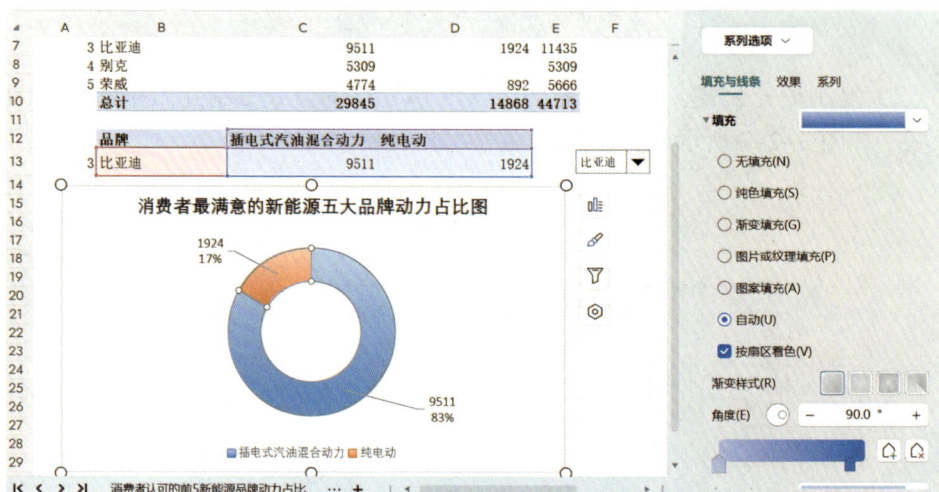

图 3-2-9　选择比亚迪后的图表效果

（10）图表解读。通过动态选择数据，发现北京品牌的新能源汽车销量中以纯电动车型为主，宝马、比亚迪和其他品牌的新能源汽车销量中以插电式汽油混合动力车型居多。

技 能 点 拨

Index(array,row_num,column) 的作用是返回数据清单或数组中的元素值，此元素由行序号和列序号的索引值给定。本任务中是将原数据表中的不同品牌车的不同燃油类型数据引用到指定单元格，并和组合框控件链接在一起，通过选择组合框中的数据，使指定单元格区域数据发生变化，从而使链接图表中的内容也跟着发生变化。

2.制作消费者认可度最高的新能源 10 大车企近 5 年销量动态组合图

为了在同一图表中同时展示消费者认可度最高的 10 家新能源车企，以及每家车企近 5 年的年度销量数据，推荐采用交互式柱状—饼图进行呈现。

微 课

使用微调控件和函数制作动态组合图表

（1）建立数据透视表。选择"近五年新能源销售数据"工作表，单击"数据"选项卡下的"数据透视表"按钮，在打开的对话框中，选择"新工作表"，单击"确定"按钮，则在新工作表中生成了空的数据透视表。

（2）布局和筛选数据。将"企业简称"拖到"行"区域，将"销售日期"拖到"列"区域，将"销售数量"拖到"值"区域。单击"企业简称"旁的下拉三角形，选择"值筛选→前 10 项"，单击"确定"按钮，最后按"年"组合"销售日期"字段，筛选设置及结果如图 3-2-10 所示。

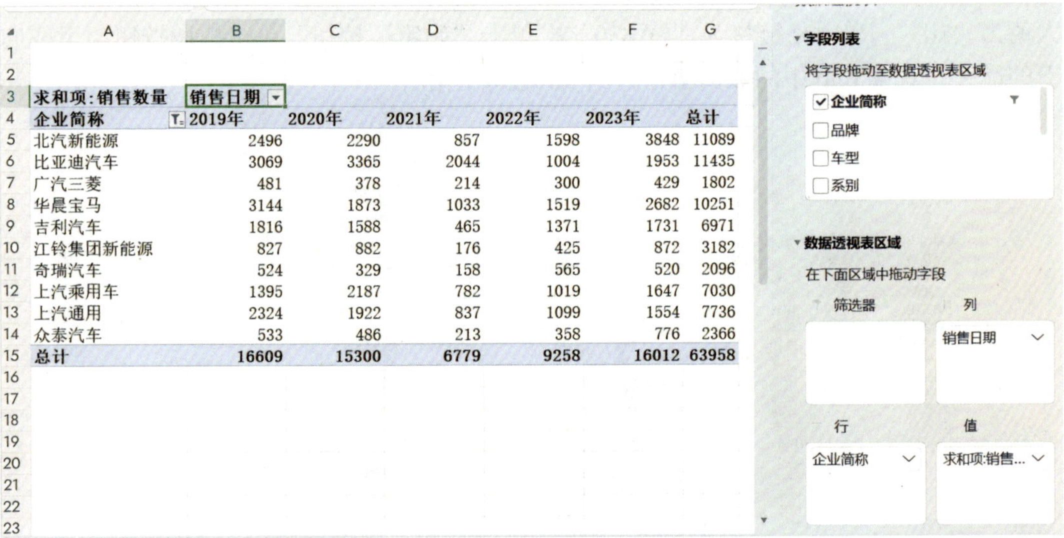

图 3-2-10 布局透视表并筛选数据

（3）复制数据。将 A4：G14 单元格区域的数据复制粘贴到 B17 开始的区域。然后在 I17 单元格输入文字"高亮度显示"，如图 3-2-11 所示。

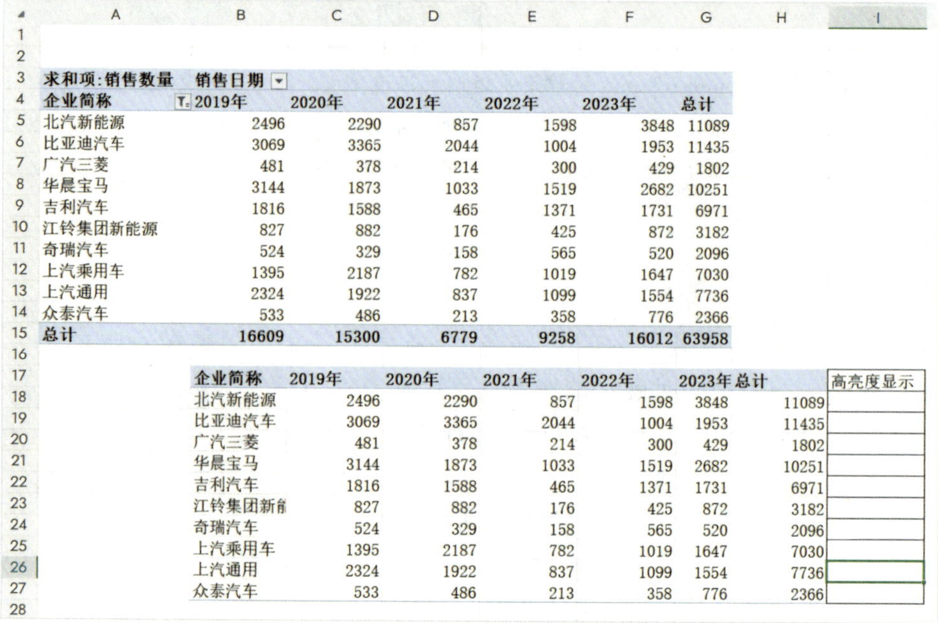

图 3-2-11　复制数据

（4）插入微调控件。单击"插入"选项卡下的"窗体"按钮，选择"微调项"，在 J17 单元格插入一个微调控件，设置如图 3-2-12 所示的格式，最小值为"1"，最大值为"10"，单元格链接为"$B$30"，单击"确定"按钮。单击微调按钮向上或向下的箭头，观察 B30 中的数据会在 1 到 10 之间变化。

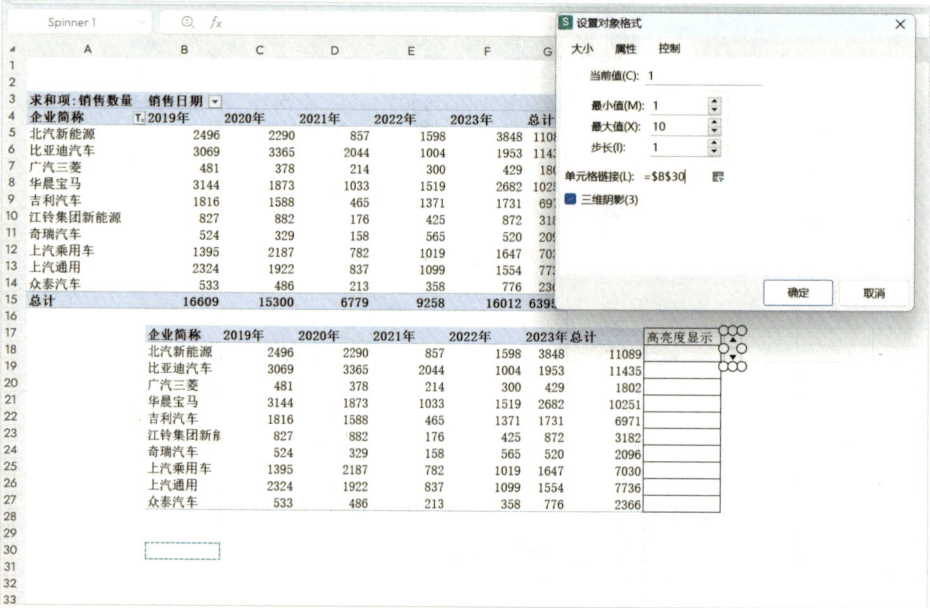

图 3-2-12　插入并设置微调控件

（5）复制单元格数据。将 A4：F4 单元格区域的数据复制到 C30 开始的区域。

（6）插入 index 函数，获取动态数据。

①在 C31 单元格中输入"=index($B$18:$G$27,$B$30,column(A1))"，按回车键，获取企业名称。

②在 D31 单元格中输入"=index($C$18:$G$27,$B$30,column(A1))"，按回车键，获取 2019 年的数据，然后使用填充柄填充 H31，获取 2020 至 2023 年的数据，如图 3-2-13 所示。

H31	fx	=INDEX($C$18:$G$27, $B$30, COLUMN(E1))					
	A	B	C	D	E	F	G	H	I
1								
2								
3	求和项:销售数量	销售日期 ▼						
4	企业简称 ▼	2019年	2020年	2021年	2022年	2023年	总计	
5	北汽新能源	2496	2290	857	1598	3848	11089	
6	比亚迪汽车	3069	3365	2044	1004	1953	11435	
7	广汽三菱	481	378	214	300	429	1802	
8	华晨宝马	3144	1873	1033	1519	2682	10251	
9	吉利汽车	1816	1588	465	1371	1731	6971	
10	江铃集团新能源	827	882	176	425	872	3182	
11	奇瑞汽车	524	329	158	565	520	2096	
12	上汽乘用车	1395	2187	782	1019	1647	7030	
13	上汽通用	2324	1922	837	1099	1554	7736	
14	众泰汽车	533	486	213	358	776	2366	
15	总计	16609	15300	6779	9258	16012	63958	
16								
17		企业简称	2019年	2020年	2021年	2022年	2023年	总计	高亮度显示
18		北汽新能源	2496	2290	857	1598	3848	11089	
19		比亚迪汽车	3069	3365	2044	1004	1953	11435	
20		广汽三菱	481	378	214	300	429	1802	
21		华晨宝马	3144	1873	1033	1519	2682	10251	
22		吉利汽车	1816	1588	465	1371	1731	6971	
23		江铃集团新能	827	882	176	425	872	3182	
24		奇瑞汽车	524	329	158	565	520	2096	
25		上汽乘用车	1395	2187	782	1019	1647	7030	
26		上汽通用	2324	1922	837	1099	1554	7736	
27		众泰汽车	533	486	213	358	776	2366	
28								
29								
30		1	企业简称	2019年	2020年	2021年	2022年	2023年	
31			北汽新能源	2496	2290	857	1598	3848	

图 3-2-13　插入 index 函数获取动态数据

（7）插入 if 函数，获取"高亮度显示"列数据。

在 I18 单元格输入"=if(rows($B$18:B18)=$B$30,H18,0)"，按回车键，获取第 1 个数据。使用填充柄往下填充 I18 中的公式，效果如图 3-2-14 所示。

企业简称	2019年	2020年	2021年	2022年	2023年	总计	高亮度显示
北汽新能源	2496	2290	857	1598	3848	11089	11089
比亚迪汽车	3069	3365	2044	1004	1953	11435	0
广汽三菱	481	378	214	300	429	1802	0
华晨宝马	3144	1873	1033	1519	2682	10251	0
吉利汽车	1816	1588	465	1371	1731	6971	0
江铃集团新能	827	882	176	425	872	3182	0
奇瑞汽车	524	329	158	565	520	2096	0
上汽乘用车	1395	2187	782	1019	1647	7030	0
上汽通用	2324	1922	837	1099	1554	7736	0
众泰汽车	533	486	213	358	776	2366	0

1	企业简称	2019年	2020年	2021年	2022年	2023年
	北汽新能源	2496	2290	857	1598	3848

图 3-2-14　设置高亮度显示的数据

技 能 点 拨

"=INDEX($B$18:$G$27,$B$30,COLUMN(A1))"表示从上述表格的 $C$18:$G$27 区域取出 $B$30 单元格所显示的数据为行号，A1 为列号的单元格数据。

"=if(rows($B$18:B18)=$B$30,H18,0)"表示从上述表格的 $B$18:B18 区域返回的行数如果等于 $B$30 单元格的数据，那就显示"总计"列 H18 单元格的值，否则就显示 0。

（8）制作动态饼图。

①选中 C30：H31 单元格区域的数据，单击"插入"选项卡下的"图表"按钮，选择"饼图→圆环图"，选择运行第一个模板。

②设置图表不显示图例，添加并设置数据标签属性，调整标题和标签位置，参考效果如图 3-2-15 所示。

③将微调控件放到饼图右上角，单击微调控件的上下按钮，观察 B30：H31 单元格区域的数据和饼图发生了同步变化，如图 3-2-16 所示实现了饼图动态显示数据。

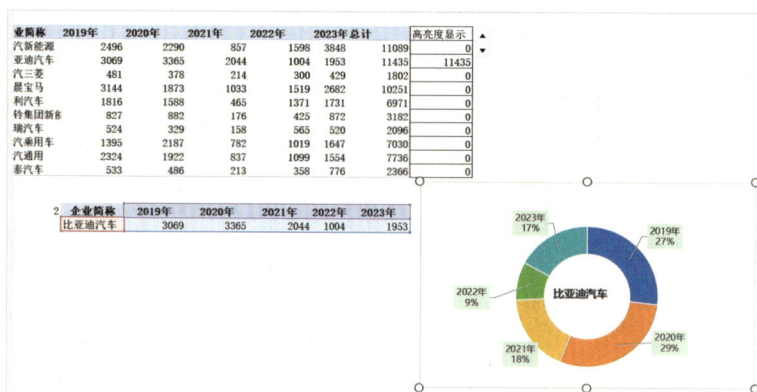

图 3-2-15　插入动态饼图

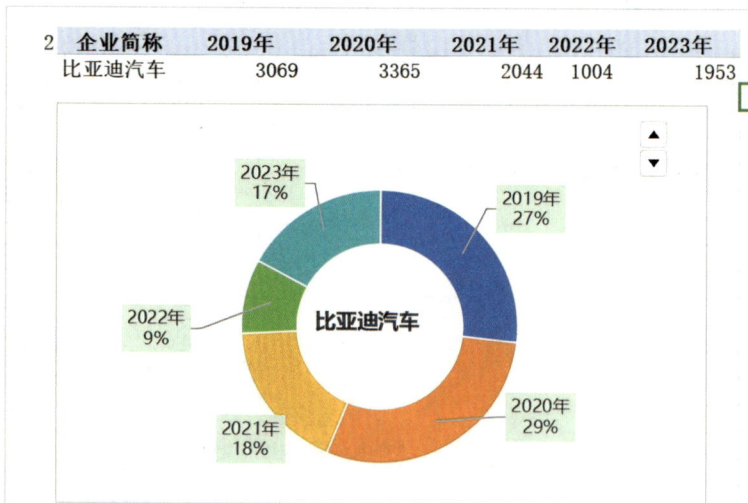

图 3-2-16　微调控件控制饼图动态显示

（9）插入组合图表。按住 Ctrl 键选择 B17：B27 和 H17：I27 两个单元格区域数据，单击"插入"选项卡下的"图表"按钮，选择"组合图→自定义"，设置如图 3-2-17 所示，单击"插入图表"按钮，生成图表的初始状态如图 3-2-18 所示。

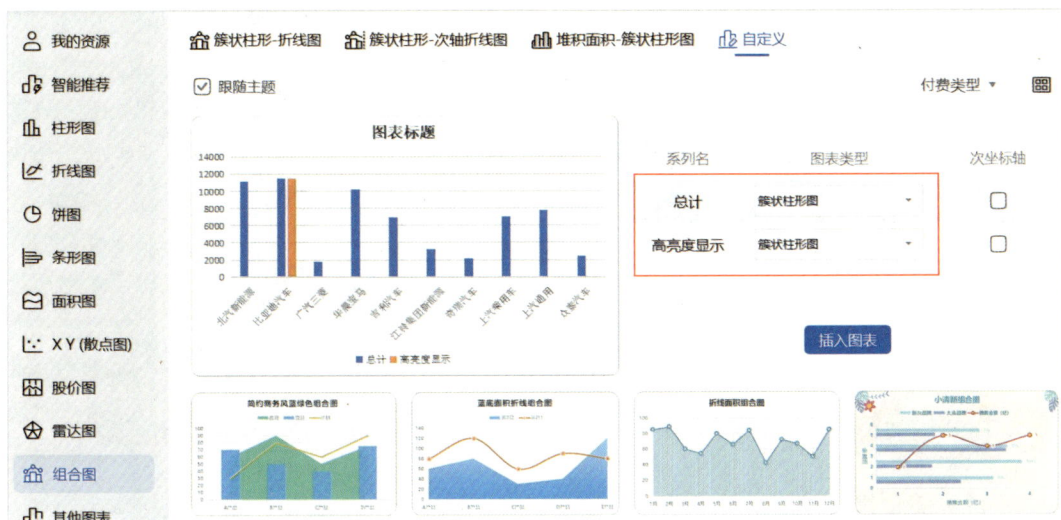

图 3-2-17　插入组合柱形图

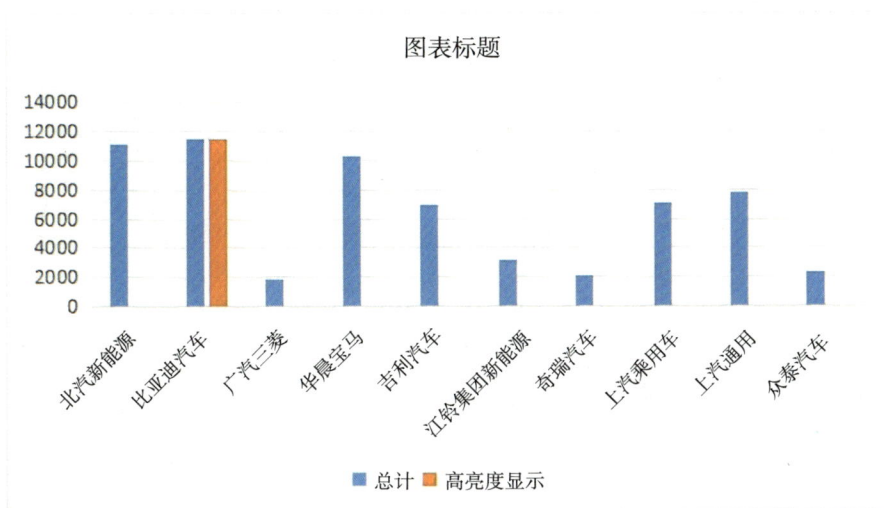

图 3-2-18　组合图初始状态

（10）设置图表的数字格式。

①右击图表区域的柱形，选择"设置数据系列格式"命令，将"系列重叠"调整为 100%。

②选择橙色柱形，添加数据标签，设置数据格式为"自定义"，在格式代码中"#,##0;#,##0"后面再加两个"；"，单击"添加"将此自定义格式添加到类型中并应用，如图 3-2-19 所示。

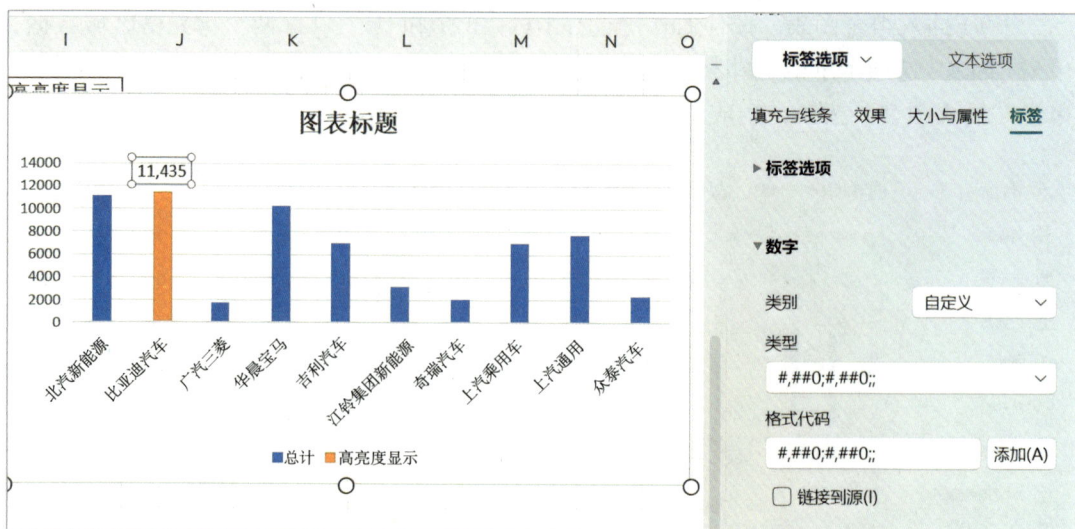

图 3-2-19　设置图表数字格式

（11）美化组合图表。

①右击柱形图中的柱形，选择"数据系列格式"命令，将柱形图的蓝色系列设为灰色，突显橙色系列。

②删去柱形图表的网格线、图例。

③修改图表标题为"消费者最认可的新能源 10 大车企近 5 年销量"，字体设为"微软雅黑"。

④设置水平坐标轴的文本框文字方向为竖排，参考效果如图 3-2-20 所示。

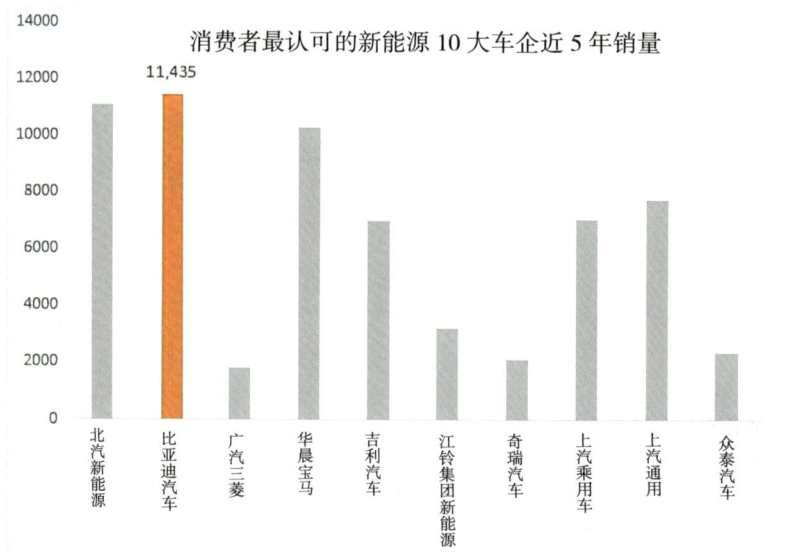

图 3-2-20　美化后的组合柱形图表

（12）组合饼图和组合图。

①设置饼图背景为"无填充"，选中饼图和微调控件，组合。

②选中饼图，右击，选择置于顶层。

③将饼图拖到柱形图上，调整位置和大小，当单击微调按钮时，饼图和柱形图内容会同步变化，如图3-2-21所示。

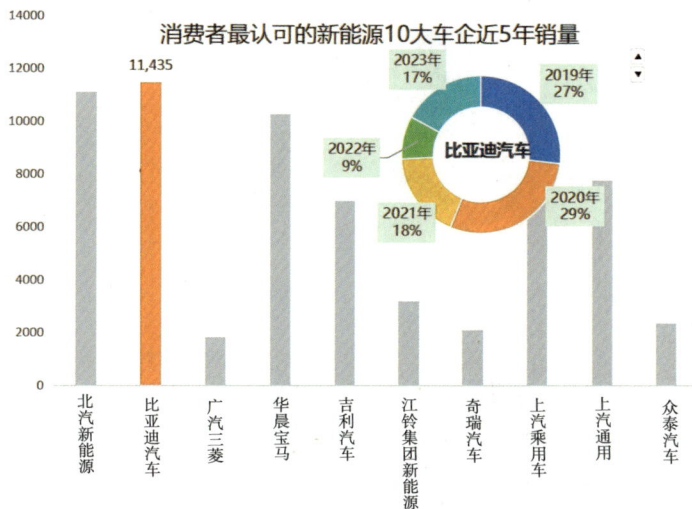

图3-2-21　组合图表

（13）图表解读。动态柱形组合—饼图清晰地展示了不同新能源车企在消费者心中的认可程度以及各自的年销量占比。例如，消费者最认可的新能源车企第1名是比亚迪，比亚迪在逸飞公司近五年的销售中，2020年销量最好，该年销量占近五年总销量的29%。销量第二位是北汽新能源，第10位是奇瑞汽车。

3. 制作消费者认可的新能源汽车车型动态词云图

（1）创建消费者认可车型透视表。选择"近五年新能源销售数据"工作表，单击"数据"选项卡下的"数据透视表"按钮，在打开的对话框中，选择"新工作表"，单击"确定"按钮，则在新工作表中生成了空的数据透视表。

（2）数据透视表布局和筛选数据。将"车型"拖到"行"区域，"销售数量"拖到"值"区域，设置值区域的字段值汇总方式为"求和"。

（3）创建动态词云图。选中A3：B108单元格区域的数据，单击"插入"选项卡下的"动态图表"按钮，选择"词云图"，从提供的模板中选择一个运行，初始效果如图3-2-22所示，将鼠标放到车型文字上，会动态显示车型和销量。

（4）美化动态词云图。添加绿色标题"消费者认可的新能源车型"，更改配色方案，参考效果如图3-2-23所示。

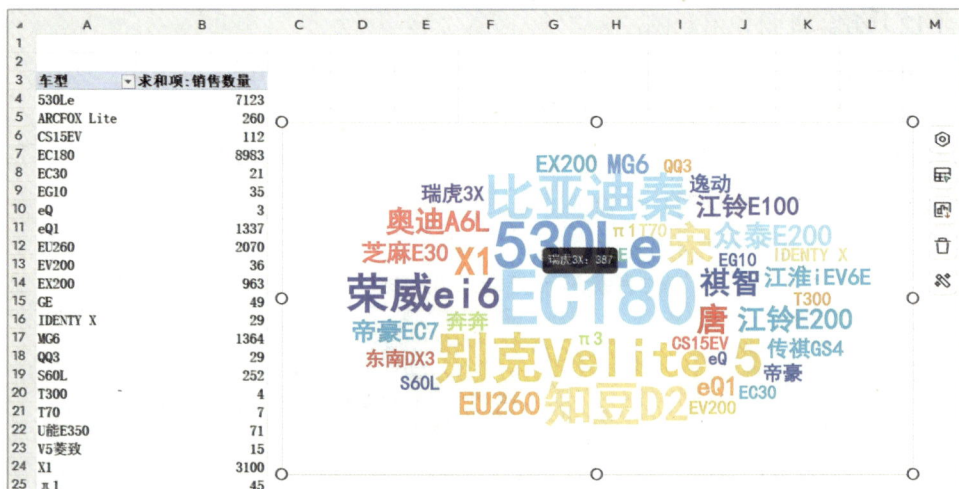

图 3-2-22　动态词云图初始效果

图 3-2-23　动态词云图效果

四、保存文件

保存文件名为"任务 3.2 新能源消费者购买行为画像"，格式为"xlsx"。

检 查

一、填空题

1. WPS 表格的窗体控件包含标签、_____、按钮、_____、列表框、_____、_____等。

2. 在 WPS 表格中，选择"图表工具"下的_____能将饼图中的数值转化为百分比表示。

3. 在数据透视表中，将字段拖放到数据透视表_____区域中，能生成透视表的_____，一般在柱形图或折线图中显示为_____。

4. 在数据透视表中，将字段拖放到数据透视表_____区域中，能生成透视表的_____，一般在柱形图或折线图中显示为_____。

5. 在 WPS 表格中制作的词云图是一种_____图表。

二、判断题

1. WPS 表格可直接制作美观的图形，不需要数据源。 （ ）
2. 数据透视表中的值字段在计算时忽略计算 Null 值。 （ ）
3. 数据表中的数值型数据导入 WPS 表格中一般表现为度量。 （ ）
4. 数据图表的行和列字段不能交换位置。 （ ）
5. WPS 表格制作的动态图表是一种在线图表。 （ ）

三、实战题

利用本任务中的"近五年新能源销售数据"工作表，制作如图 3-2-24 所示的消费者对新能源汽车不同品牌认可度的彩色条形图。

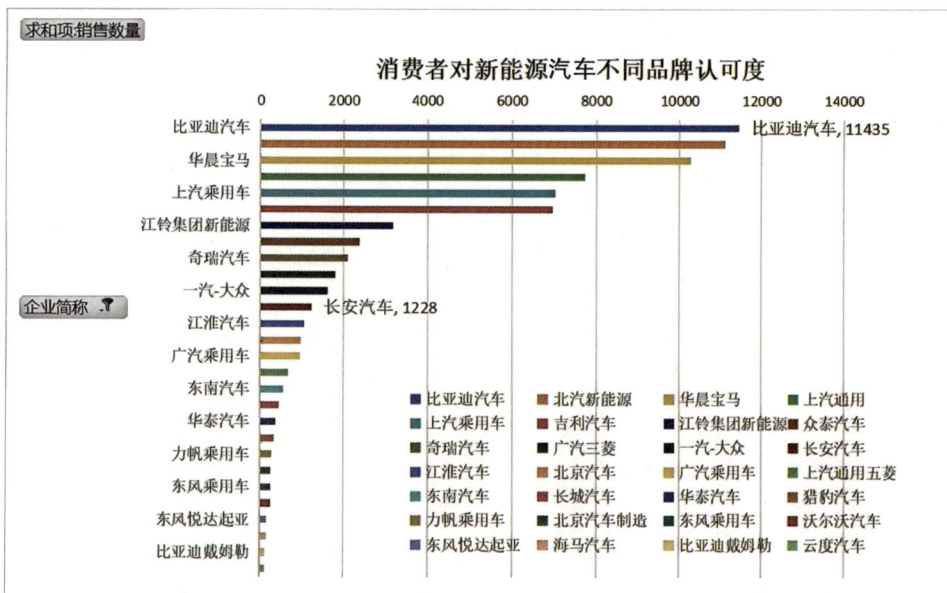

图 3-2-24 消费者对新能源汽车不同品牌认可度的彩色条形图

评 价

序号	评价内容	识记	理解	应用	分析	评价	创造	问题
1	WPS 表格实现多维分析		√					
2	用窗体控件和函数控制图表			√				
3	一个控件控制多个图表				√		√	
4	WPS 表格制作词云图				√			
教师诊断评语：								

任务三 构建销售数据动态分析看板

微 课
制作数据看板

--- **任务描述：**

逸飞汽车销售公司查看了立新科技公司提交的新能源汽车销售整体分析以及消费者行为数据画像后，做出了重要战略调整。公司明确要求立新科技公司构建一套动态BI 数据看板系统，旨在实现每日数据的即时可视化呈现，以便管理层能更为直观地洞悉市场风向与业务发展趋势。为了完成这个任务，小杨所在团队需要具备以下关键知识和技能：

①理解数据看板与数据大屏之间的本质差异，掌握动态数据看板的设计理念与构建原则；

②理解 WPS 表格内置数据看板模板的应用技巧，能够灵活运用这些模板，打造出既专业又高效的动态数据看板；

③掌握动态数据看板的数据源与图表之间的联动关系，能制作和优化动态数据看板，以提升信息传达的直观性与有效性。

--- **知识准备：**

一、数据看板和数据大屏

数据大屏侧重于数据的实时展示和监控，适用于需要集中展示大量数据和复杂信息的场景；数据看板侧重于数据的分析和决策支持，适用于需要监测关键业务指标并快速做出决策的场景。两者的主要用途、呈现方式等见表 3-3-1。

表 3-3-1 数据大屏和数据看板的详细介绍

项目	数据大屏	数据看板
主要用途	信息展示、商业分析、管理控制	数据集中展示、即时见解、数据可视化、跨部门协作
呈现方式	大型显示屏，展示大量数据和复杂信息，视觉效果要求高	台式电脑、平板电脑或手机等的屏幕都可用于呈现，灵活便携，注重数据的实时性和交互性
技术实现	前端视觉效果要求高，后端需要支持多协议连接，如 WebSocket、HTTP 等	前端采用交互方式展示数据，后端需要整合数据并提供 API 接口供前端调用

二、数据看板的设计原则

怎么才能设计出既实用又美观的数据看板，从而有效地支持业务决策和数据分析工作呢？

（1）简洁清晰：避免复杂的设计和过多的装饰，使用简单、清晰的布局来展示数据。使用一种主色调和少量的辅助颜色，选择易读的字体并保持字体大小一致。

（2）实时更新：确保数据看板与数据源实时连接，以便数据能够即时更新。最好具有自动化采集功能，减少人为错误，能定时刷新，确保显示最新的数据。

（3）一屏展示：将所需信息整合在一个屏幕上，避免用户滚动或切换页面来获取割裂的数据信息，避免在同一屏上显示过多无关的信息，确保关键数据被突出显示。

三、WPS 表格的数据看板模板

WPS 表格提供了很多数据看板模板，执行"文件→新建→从稻壳模板新建"命令，弹出如图 3-3-1 所示窗口，在搜索框中输入"数据看板"即可查询到不同类型的模板。

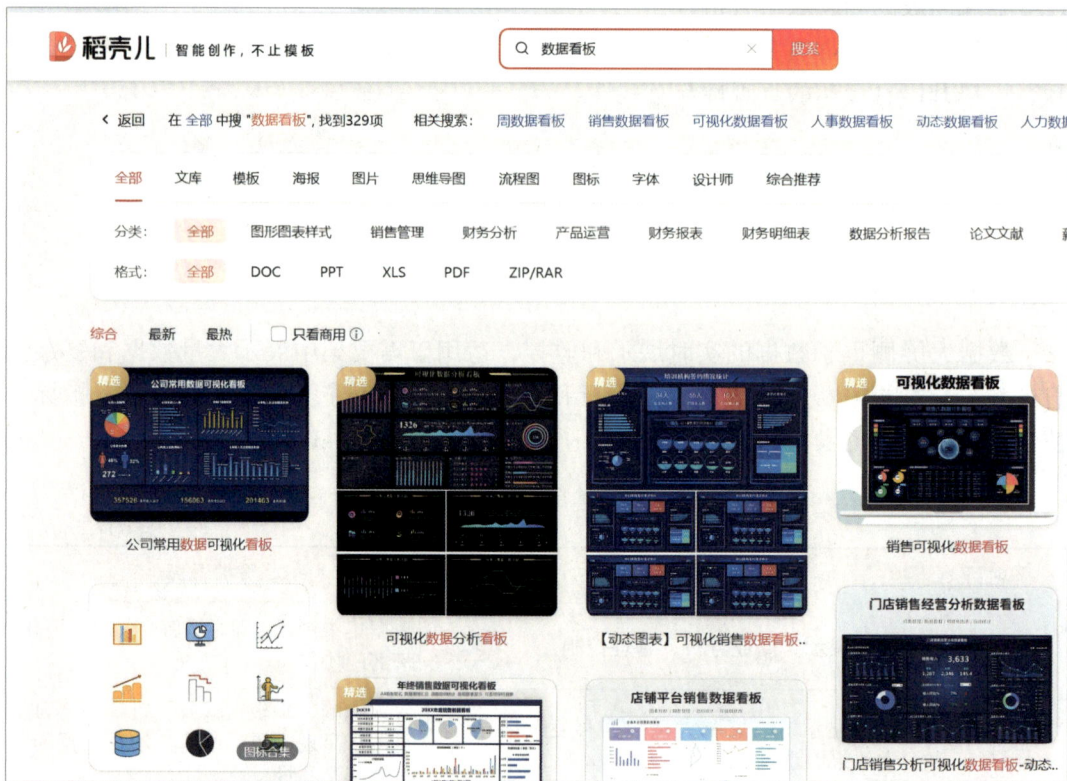

图 3-3-1　WPS 表格的数据看板模板

赛 证 必 备

在商务数据分析技能大赛中，商务数据可视化大屏制作内容要求参赛者能选取企业关键指标对应的图表，设计可视化大屏要素；能根据处理后的数据及图表，进行多维数据分析和大屏布局展示，完成可视化大屏视觉设计。

计划&决策

小杨所在团队利用 WPS 表格已经完成了新能源汽车的销售数据和消费者行为画像等静态数据图表的制作。为了进一步提升数据展示效果，团队计划使用 WPS 表格设计并制作数据看板的背景，然后将动态图表嵌入其中。由于图表和看板都在同一个工作簿内，因此能够实现数据的动态展示效果，提升数据可视化的质量和效率，效果如图3-3-2 所示。

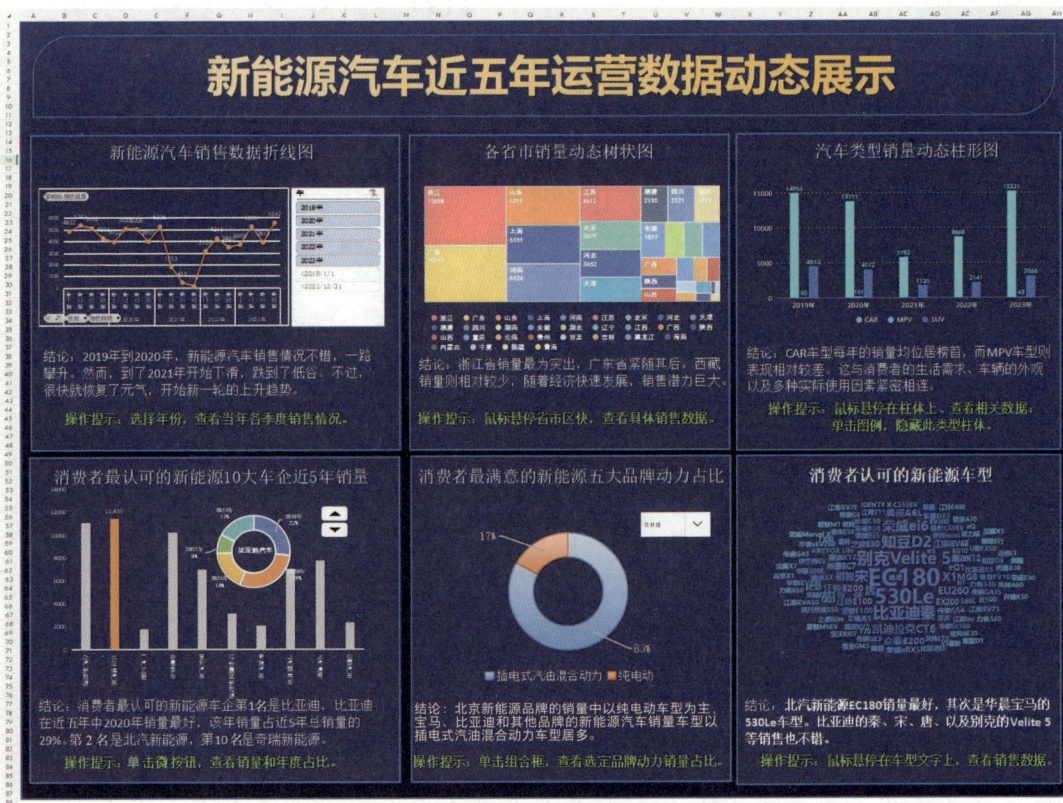

图 3-3-2　数据看板截图

实　施

一、整合数据源和图表

（1）复制图表工作簿。打开图表文件"任务 3.1 新能源汽车销售数据概览 .xlsx"工作簿，将其另存为"任务 3.3 数据看板 .xlsx"。

（2）整合图表。将前面两个任务的可视化图表整合到一个工作簿中。

①复制工作表。打开"任务 3.2 新能源消费者购买行为画像 .xlsx"工作簿，选择"消费者认可的车型（词云图）"工作表，右击，选择"移动 ..."命令，如图 3-3-3 所示。在出现的对话框中，选择目标工作簿为"任务 3.3 数据看板 .xlsx"，勾选"建立副本"，单击"确定"按钮完成工作表从一个工作簿复制到另一个工作簿。

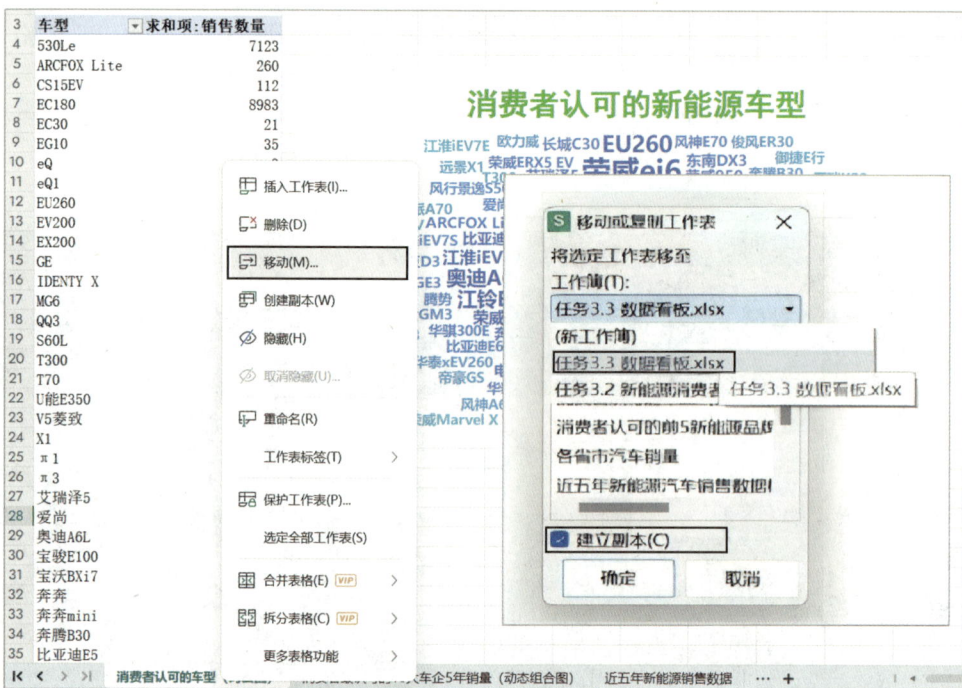

图 3-3-3　复制工作表

②复制其余工作表。按相同方法复制"消费者最认可的 10 大车企 5 年销量（动态组合图）""消费者认可的前 5 新能源品牌动力占比（交互饼图）"工作表到工作簿"任务 3.1 数据看板"中，并检查图表是否正常显示。

二、制作数据看板

1. 规划数据看板

本次数据看板旨在以直观、动态的方式展示该公司近五年新能源汽车的销售情况以及用户购买行为特征，为决策者提供清晰、准确的数据支持。数据看板的整体布局是两行三栏的田字型布局，所有图表均设计为动态图表，支持用户通过点击、拖拽等交互方式进行操作。数据看板的界面设计简洁明了，色彩搭配合理，确保用户能够轻松理解数据背后的意义。

（1）新建工作表。新建空白工作表，重命名为"数据看板"。

（2）制作背景。插入深蓝色渐变矩形，参考大小为高 45 cm、宽 62 cm。

（3）布局看板。插入 7 个空心矩形，样式和位置如图 3-3-4 所示。

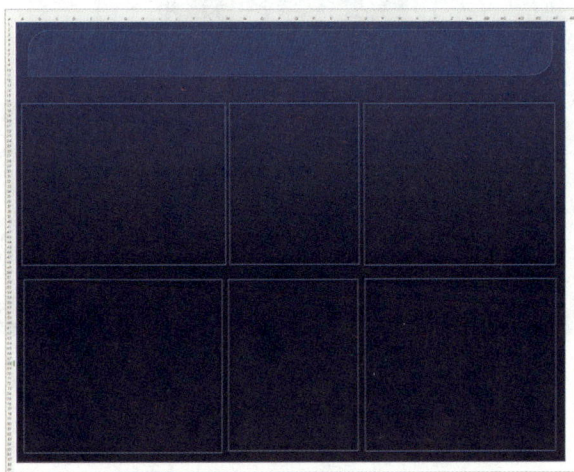

图 3-3-4　看板初始布局

2. 填充数据看板的内容

数据看板是一个集中展示多个图表的平台，填充其内容的常用做法是将之前制作的动态图表整合到看板的相应位置即可。

（1）制作看板标题。在最上面的矩形框中输入标题"新能源汽车近 5 年运营数据动态展示"，字号为 90 左右，并设置为黄色渐变填充，参考效果如图 3-3-5 所示。

图 3-3-5　看板标题效果

（2）整合新能源汽车销售数据折线图。复制"新能源汽车销售数据折线图"到数据看板中，去掉图表标题、背景色，设置文字为白色。插入切片器，调整大小和位置。添加该区域的标题"新能源汽车销售数据折线图"和结论文字"2019 年到 2020 年，新能源汽车销售情况不错，一路攀升。然而，到了 2021 年开始下滑，跌到了低谷。不过，很快就恢复了元气，开始新一轮的上升趋势。"。输入绿色文字"操作提示：选择年份，查看当年各季度销售情况。"，参考效果如图 3-3-6 所示。

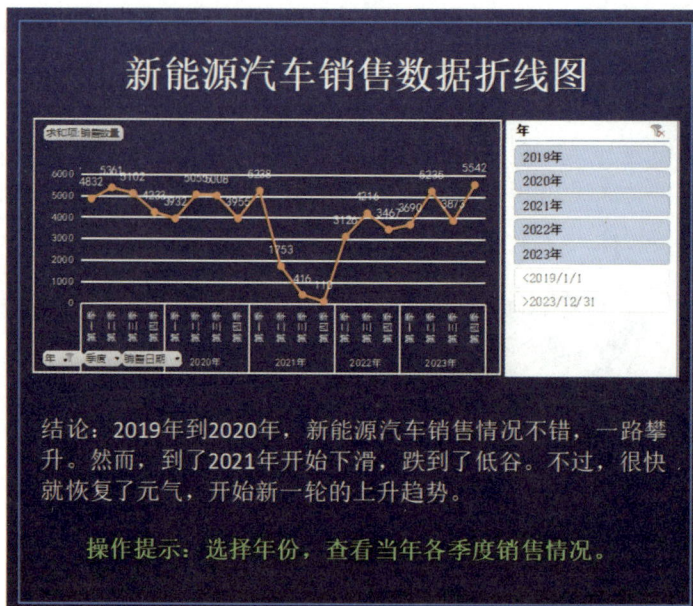

图 3-3-6　整合新能源汽车销售数据折线图

（3）整合各省市销量动态树状图表。复制"汽车类型销量动态树状图"到数据看板中，去掉图表标题、背景色，设置文字为白色。添加该区域的标题"各省市销量动态树状图"和结论文字"浙江省销量最为突出，广东省紧随其后。西藏的销量则相对较少，随着经济快速发展，销售潜力巨大。"。输入绿色文字"操作提示：鼠标悬停省市区块，查看具体销售数据。"，参考效果如图 3-3-7 所示。

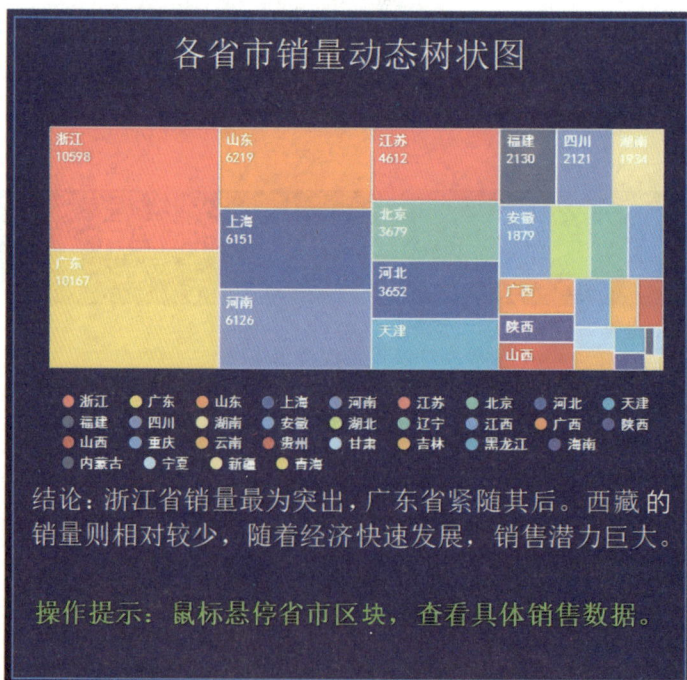

图 3-3-7　整合各省市销量动态树状图表

（4）整合汽车类型销量动态柱形图。复制"汽车类型销量动态柱形图"到数据看板中，去掉图表标题、背景色，可根据实际情况调整配色方案。添加该区域的标题"汽车类型销量动态柱形图"和结论文字"CAR 车型每年的销量均位居榜首，而 MPV 车型则表现相对较差。这与消费者的生活需求、车辆的外观以及多种实际使用因素紧密相连。"。输入绿色文字"操作提示：鼠标悬停在柱体上，查看相关数据；单击图例，隐藏此类型柱体。"，参考效果如图 3-3-8 所示。

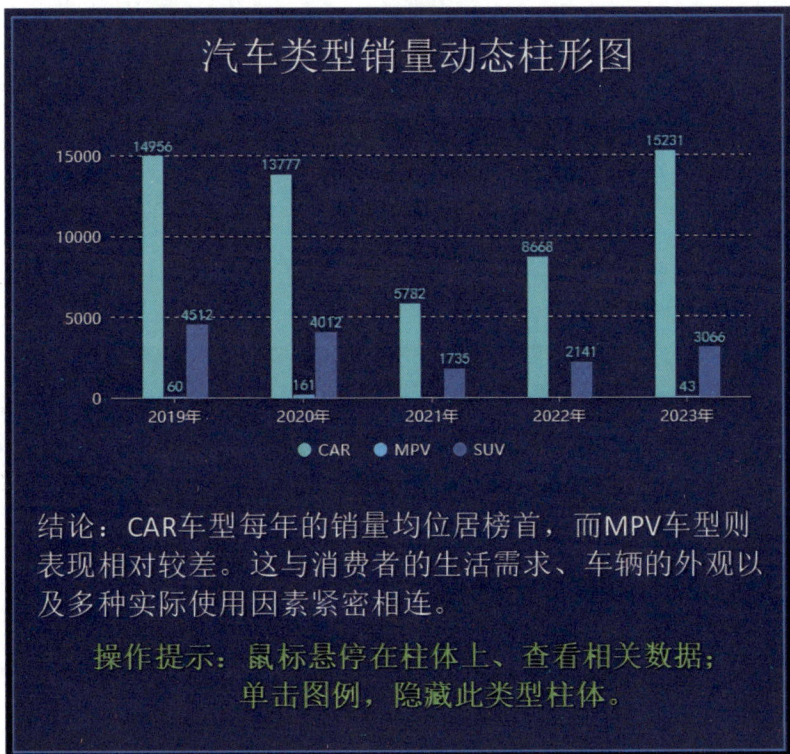

图 3-3-8　整合汽车类型销量动态柱形图

（5）整合消费者最认可的新能源 10 大车企近五年销量组合动态图。复制"消费者最认可的 10 大车企 5 年销量组合动态图"到数据看板中，去掉图表的标题。调整"微调控件"的大小，设置微调控件的数据源为"' 消费者最认可的 10 大车企 5 年销量（动态组合图）'!$B$30"，如图 3-3-9 所示。添加该区域的标题"汽车类型销量动态柱形图"和结论文字"消费者最认可的新能源车企第 1 名是比亚迪，比亚迪在近 5 年中 2020 年销量最好，该年销量占近 5 年总销量的 29%。第 2 名是北汽新能源，第 10 位是奇瑞新能源。"。输入绿色文字"操作提示：点击微调按钮，查看销量和年度占比。"，参考效果如图 3-3-10 所示。

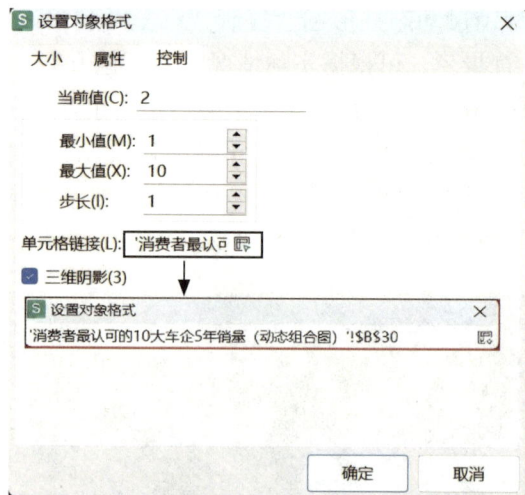

图 3-3-9　设置微调控件链接的数据源

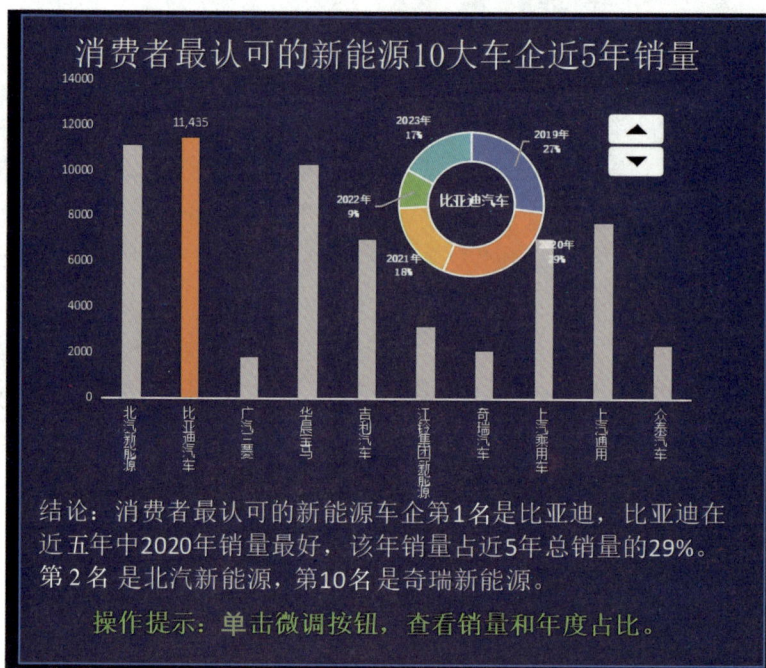

图 3-3-10　消费者最认可的新能源 10 大车企近五年销量组合动态图

技 能 点 拨

　　窗体控件移动工作表后，需要重新设置相应的数据源区域和链接单元格，否则将不能控制图表同步显示。

实 践 真 知

（1）整合消费者最满意的新能源五大品牌动力占比动态图，参考效果如图 3-3-11 所示。
（提示：重新设置组合框控件数据区域和单元格链接）

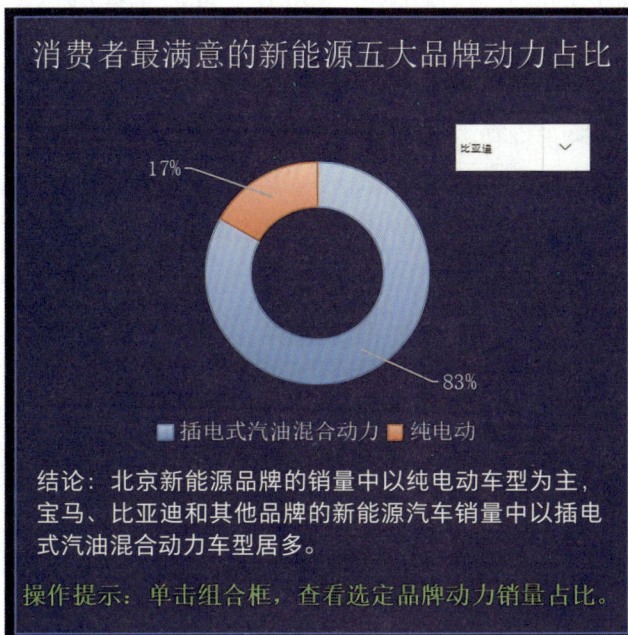

图 3-3-11　消费者最满意的新能源五大品牌动力占比动态图

（2）整合消费者认可的新能源车型词云图，参考效果如图 3-3-12 所示。

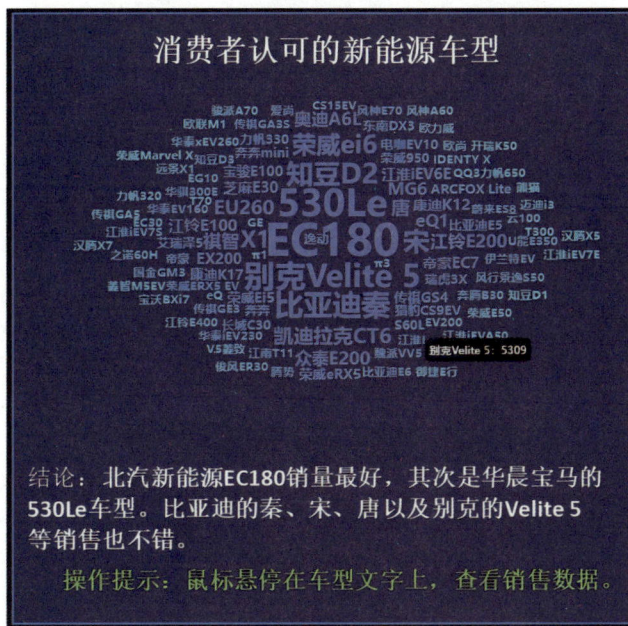

图 3-3-12　消费者认可的新能源车型词云图

3. 检查和微调数据看板

（1）检查数据看板的每个图表是否正常运行，特别是控件能否控制图表显示效果。

（2）微调每个图表标题、结论、操作提示的字体字号、位置和对齐方式统一。

（3）微调图表的行列间距，保持统一，参考效果如图 3-3-2 所示。

三、保存和发布数据看板

（1）按快捷键 Ctrl+S 保存数据看板文件。

（2）执行"文件→输出到 PDF"菜单命令，在弹出的对话框中设置 PDF 文件的保存路径、输出范围、输出选项和权限等内容，发布数据看板为 PDF 文件。

技 赛 必 备

在大数据技术应用与数据可视化等领域的技能竞赛中，参赛者需具备以下关键技能：

（1）精通数据透视表的插入操作，并能准确设置行、列及值字段，此步骤为绘制动态图表奠定坚实基础。

（2）掌握利用控件与函数进行数据选择性分析的方法，以生成动态图表，直观展示分析结果。

（3）熟练运用数据看板进行综合数据分析，以求全面把握数据趋势与关联。

检 查

一、填空题

1. 数据大屏侧重于数据的_____和_____，适用于需要集中展示大量数据和复杂信息的场景。

2. _____侧重于数据的分析和决策支持，适用于需要监测关键业务指标并快速做出决策的场景。

3. 数据看板是一种常见的_____，也是一种_____。

4. 动态图表制作方法有_____、_____和_____三种。

5. 使用切片器选择数据时可以_____、_____和_____。

二、判断题

1. 使用切片器时需要先创建数据透视表。　　　　　　　　　　　　（　　）

2. 数据看板文字的颜色、字体字号不需统一，以便吸引读者。 　　　　　（　　　）

3. 数据看板通常包括各种图表、指标、报表、文字等元素 。 　　　　　（　　　）

4. 如果修改数据表，数据看板的数据不会同步修改。 　　　　　（　　　）

5. 制作数据看板前必须进行用户需求分析，设计数据报表。 　　　　　（　　　）

6. 数据看板展示的内容越多、数据越详细、传达信息的效果越好。 　　　　　（　　　）

三、实战题

修改和美化本任务中的数据看板。

评　价

序号	评价内容	识记	理解	应用	分析	评价	创造	问题
1	数据看板的概念	√						
2	数据看板的设计原则		√					
3	规划数据看板		√	√				
4	制作数据看板			√				
5	设置窗体控件的数据源				√			
教师诊断评语：								

项目四

撰写与呈现数据分析报告

在如今的服务行业中，多家公司已经开始利用大数据提升服务品质并调查客户满意度。不过，单纯地将海量的数据转化为图表并提取关键信息，并不足以形成一份出色的数据分析报告。需要对数据进行深度加工和整理，才能更好地确保其实用性和可读性。

"爱旅游"网络平台提供限时特价旅游产品，包括旅游套餐、折扣机票、度假酒店。近两年，"爱旅游"网络平台中酒店预订业务的收益下滑，所以委托立新科技公司对酒店预订数据进行专项分析，以期通过详尽的数据分析报告，找出酒店预订业务的挑战与瓶颈，提供经营策略调整建议。

立新科技公司对此高度重视，在前期，数据分析部已完成了数据分析工作。完成数据分析报告的任务分派给了小杨所在的团队，为此，他们需要具备以下核心知识和技能。

◆ 理解数据分析报告的要点，包括类型、核心要素及撰写原则，能选择最适合的制作工具

◆ 掌握数据分析报告的框架结构和规范要求，能编制专业、详尽的文字版数据分析报告

◆ 理解数据分析报告 PPT 的设计原则、页面布局及制作流程，能制作演示版数据分析报告

任务一　理解数据分析报告的要点

资　讯

微　课

理解数据分析
报告的要点

--- 任务描述：

数据分析报告是数据分析师与决策者沟通交流的媒介。数据分析师完成数据分析、形成数据分析报告，决策者查看数据分析报告的结论，形成运营计划，做出科学决策。

小杨所在团队为完成"爱旅游"网络平台酒店预订的数据分析报告，已从数据分析部门接收了核心分析成果，准备开始撰写详细内容。为高质量完成此任务，他们需掌握以下关键知识与技能：

①理解数据分析报告的概念与作用，明确撰写报告时应遵循的基本原则与规范；

②熟悉不同种类数据分析报告的特点及其组成要素，以便根据实际需求选择合适的报告类型；

③了解并掌握常见的数据分析报告制作工具，能够根据报告的具体需求，选择最合适的工具以提高制作效率。

--- 知识准备：

1. 数据分析报告的概念

数据分析报告是根据数据分析原理和方法，运用数据来反映、研究和分析事物的现状、问题、原因、本质和规律，并得出结论，提出解决办法的一种分析应用文体。

2. 数据分析报告的作用

数据分析报告展示数据分析结果，验证数据分析质量，提供决策参考依据，具体见表 4-1-1。

表 4-1-1　数据分析报告的作用

作用	具体含义
展示数据分析结果	数据分析报告的基本作用。报告以某一种特定的形式将数据分析结果清晰地展示给决策者，使其能迅速理解、分析、研究问题的基本情况、结论与建议等内容
验证数据分析质量	数据分析报告的直接作用。通过报告中对数据分析方法的描述、对数据结果的处理与分析等几个方面来检验数据分析的质量，并且让决策者能够感受到这个数据分析过程是科学并且严谨的
提供决策参考依据	数据分析报告最重要的作用。任何数据分析工作都是围绕某个问题进行的、具有目标性，只有在基于实际数据基础上的分析结论才具有参考价值，基于此结论做出的决策才更科学和具有可行性

3.数据分析报告的撰写原则

一份完整的数据分析报告，应当围绕目标确定范围，遵循一定的前提和原则，系统地反映存在的问题及原因，从而进一步找出解决问题的方法。具体需要遵循以下四个原则。

（1）规范性：数据分析报告中所使用的名词术语一定要规范，标准统一，前后一致，要与业内公认的内容一致。

（2）重要性：数据分析报告一定要体现数据分析的重点，在各项数据分析中，应该重点选取关键指标，科学专业地进行分析，此外，针对同一类问题，其分析结果也应当按照问题重要性的高低来分级阐述。

（3）谨慎性：数据分析报告的编制过程一定要谨慎，基础数据必须真实、完整，分析过程必须科学、合理，分析结果要可靠，内容要实事求是。

（4）创新性：当今科学技术的发展可谓日新月异，许多科学家也都提出各种新的研究模型或者分析方法。数据分析报告需要适时地引入这些内容，一方面可以用实际结果来验证或改进它们，另一方面也可以让更多的人了解到全新的科研成果，使其发扬光大。

岗 证 须 知

要获得商务数据分析师四级证书，要求从事数据分析和可视化工作的人员掌握商务数据分析报告撰写的基础知识，能编制商务数据分析报告基本框架，能识读理解商务数据分析报告。

计划&决策

数据分析报告的关键要素有哪些？它的基本框架和构造是怎样的？我们又该如何撰写一份数据分析报告呢？又要如何才能确保数据分析报告的质量呢？小杨所在的团队准备首先查询数据分析报告的类型，然后研究数据分析报告的组成要素，最后选择数据分析报告的制作工具。

实 施

一、认识数据分析报告的类型

根据数据分析报告的对象、内容、时间、方法等不同，可将其分为日常工作类、专题分析类、综合研究类。在实际应用中，不同类型的数据分析报告对于数据分析技能的要求也各有差异。

1. 日常工作类

日常工作类数据分析报告是按日、周、月、季、年等时间阶段定期对业务情况、计划执行进度等进行通报的一种数据分析报告。通常是对业务数据的日常展现，如本周的销售额是多少，平均每天的用户流失是多少等。此类报告可以是专题性报告，也可以是综合性报告，因此是企业中应用最广泛的一种数据分析报告。具有时效性、进度性和规范性三个特点。

（1）时效性：只有及时发现问题，了解现状，才能让决策者掌握解决问题的主动权，因此，时效性是这类数据报告最突出的特点。

（2）进度性：由于日常数据通报是对某些项目进展、业务执行情况的通报，因此必须将进度与时间结合进行综合分析，以便判断计划完成情况，及时调整后续决策。

（3）规范性：由于这类报告是定期给决策者使用的例行报告，因此具有规范的结构形式。常包含计划执行情况、未完成原因、成绩和经验、措施和建议等内容。为了保持连续性，有时只变动报告时间、更新对应数据即可。

2. 专题分析类数据报告

专题分析类数据报告是对某一方面或某一个问题进行专门研究的一种数据分析报告，如电商销量异常分析、用户流失分析、提升用户转化率分析等。其具有单一性和深入性特点。

（1）单一性：主要针对某一方面或某一个问题进行分析，如针对用户流失或提升企业利润率进行分析。

（2）深入性：对主要问题进行深入分析，不仅要具体描述问题，还要分析引起问题的原因，提出切实可行的解决办法。

3. 综合分析类数据报告

综合分析类数据报告是与专题分析类数据报告相对的一种数据分析报告，是对某个地区、企业、单位、部门业务的发展情况进行全面评价，具有全面性和联系性两个特点。例如，全国经济发展报告、人口普查报告、企业运营分析报告等。

（1）全面性：综合分析报告必须站在全局的高度，对反映的对象进行全面、综合分析。

（2）联系性：把与对象相关联的所有现象、问题综合在一起系统地研究。重在分析考察现象、问题之间的内、外部联系。

二、认识数据分析报告的组成要素

数据分析报告没有特定结构，一般而言，日常工作类报告由背景、目的、数据来源、数据展示、数据分析、结论与建议等组成，也可以是"数据 + 结论 + 建议"简单直接的结构，如图 4-1-1 所示。

专题 / 综合类报告一般采用"总—分—总"的经典结构，包括标题、目录、前言、分析过程、结论、建议及附录等几个板块，框架如图 4-1-2 所示。

数据

时间	累计用户量	日活数	营收	市场份额	商务合作数
6 月	2525 万	341 万	890 万	35.12%	51 家
5 月	2154 万	336 万	792 万	36.04%	46 家
环比	17.22%	1.49%	12.37%	−2.55%	10.87%

结论 本月整体数据呈上涨趋势，但市场份额相对上月下跌了 2.55%。

下跌的主要原因及建议如下：

建议

（1）竞争对手上线了美颜新功能，吸引了大波女性用户下载使用，建议进一步对女性用户进行精细化运营。

（2）推广渠道遇到瓶颈，本月有一家原来一直合作的大客户月底终止了合作，导致下半月营收未能跟上，整体市场份额有所下跌。但这个月整体营收还是呈向上增长趋势，大盘还是向好发展，建议解决大客户流失问题。

图 4-1-1　A 公司 6 月份大盘数据分析报告

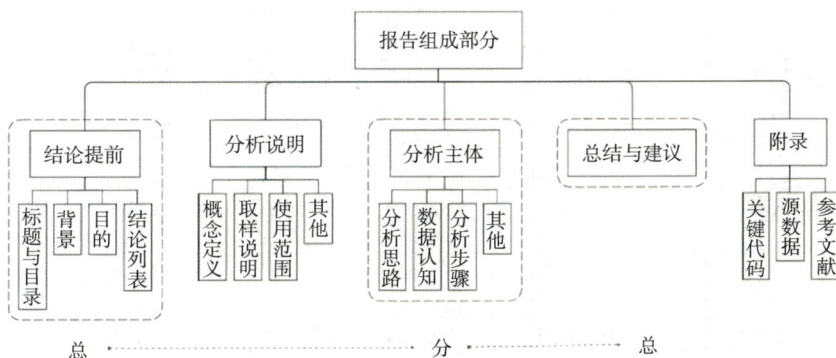

图 4-1-2　"总—分—总"经典数据分析报告结构图

实 践 真 知

将下列数据分析报告与其合适的类型进行连线。

数据分析报告　　　　　　　　数据分析报告类型

中学生眼睛近视原因分析　　　综合分析报告

A 公司月度销售情况通报　　　专题数据分析报告

青少年身体素质分析报告　　　日常数据通报

三、选择数据分析报告制作工具

数据分析报告可以用专业的数据分析软件自动生成，如制作及时展现的数据大屏。但是在某些情况下还需要将数据分析报告制作成 WPS 文档、电子表格、演示文稿等。

因此，应根据实际需要选择恰当的工具来制作数据分析报告。

1. 使用 WPS 文字制作文档数据分析报告

WPS 文字制作的文档数据分析报告是所有报告类型中最详细的一种报告，其结构要求严谨、系统，通常这类文档要打印并装订。

2. 使用 WPS 表格制作电子表格数据分析报告

电子表格数据分析报告一般有三个主要结构：标题、报告主体、附注说明。此类数据报告重点是对数据的处理与分析，报告主体通常是各种结构的表格、数据透视表和图表等，例如，如图 4-1-3 所示的 B 公司 2019 年度利润数据分析报告。此类数据分析报告最大的好处就是报告使用者可以根据需要灵活调整报告的输出内容。

年度利润额	分店名称				
年度	大雁店	蒲家店	同德店	同兴店	总计
⊟2019年	541872	842409	843642	583093	2811016
⊟第一季	164709	214182	221769	276552	877212
1月	11133	156726	43857	206712	418428
2月	135765	22158	193365	-41427	309861
3月	17811	35298	-15453	111267	148923
⊟第二季	156573	287208	337230	76356	857367
4月	151272	116181	64674	-2493	329634
5月	13500	186786	155934	71451	427671
6月	-8199	-15759	116622	7398	100062
⊟第三季	79767	282285	118467	81739	562258
7月	6552	-9963	-8514	-540	-12465
8月	-1143	181098	42057	-30285	191727
9月	74358	111150	84924	112564	382996
⊟第四季	140823	58734	166176	148446	514179
10月	87912	16416	-8901	109728	205155
11月	44649	40851	81999	18963	186462
12月	8262	1467	93078	19755	122562
⊞2022年	10143	231804	59499	267345	568791
总计	552015	1074213	903141	850438	3379807

图 4-1-3　B 公司 2019 年度利润数据分析报告

3. 使用 WPS 演示制作演示数据分析报告

WPS 演示制作的演示数据分析报告，主要用于在公开场合进行演示，重点在于对数据分析的过程和数据分析结果进行演示说明。因此报告的内容要抓取重要环节的关键信息进行呈现。此类报告的结构通常采用"总—分—总"的设计思路。

四、培养制作数据报告者的基本素质

数据分析报告的价值关键是报告的正确性、科学性和清晰性。因此，要求报告制作者具备认真细致的态度、清晰缜密的思维、选择制作工具的能力和创新意识。

（1）认真细致的态度：数据本身是枯燥的，数据分析过程环环相扣，工作过程中写错一个数据，特别是关键数据，都可能导致最后的数据报告出现较大偏差，得出错误的结论，影响高层决策。因此，认真细致的工作态度是每个数据报告制作者的基本素质。

（2）清晰缜密的思维：数据报告的本质是对混乱、无序的数据进行梳理，转化成清晰明了的分析结果。因此，要求报告制作者思路清晰、有条理。

（3）选择制作工具的能力：数据报告除了可以用专业的数据分析软件自动生成外，还可以用 WPS 文字、WPS 表格和 WPS 演示等常用工具来制作，各个 WPS 工具的特点见表 4-1-2。

表 4-1-2　各个 WPS 工具的特点

工具	优势	劣势	适用范围
WPS 文字	严谨、系统，利于排版、打印、装订成册	缺乏交互性	综合分析报告专题分析报告日常数据通报
WPS 表格	重在数据处理与分析，能实时更新输出内容，交互性强	不系统，不能直观展示数据分析过程	日常数据通报
WPS 演示	能添加多彩元素，展示数据分析过程和结果，适合演示汇报	不详细，不能灵活处理数据	综合分析报告专题分析报告

（4）创新意识：数据分析是严谨、客观的，但数据可视化呈现需要创新表达，才能让报告阅读者快速抓住重点，记住关键数据。如图 4-1-4 所示是普通数据分析图表，如图 4-1-5 所示是创新数据分析图表。

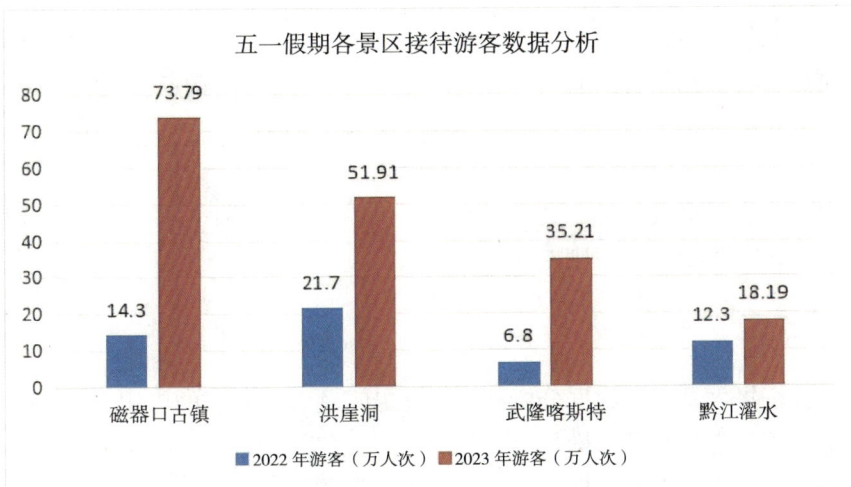

图 4-1-4　五一假期各景区接待游客数据分析（普通设计）

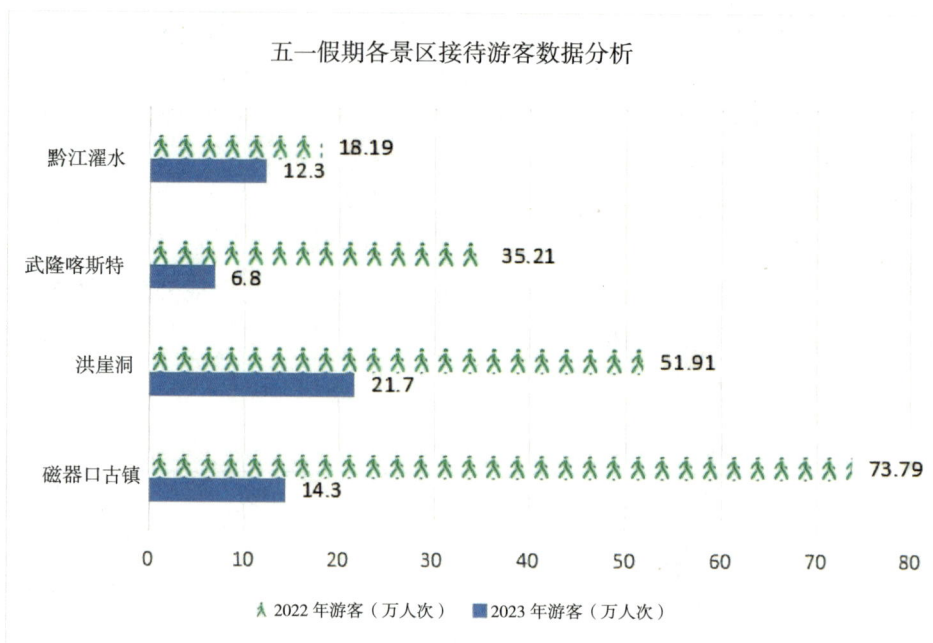

图 4-1-5 五一假期景区接待游客数据分析（创意设计）

从图 4-1-5 中可以看到，将柱状条形图替换成人物图标形式，能让报告使用者有身临其境之感，也能激发人们走出去旅游的热情。

检 查

一、填空题

1. 常见的数据分析报告有_____、_____和_____三种类型。

2. 专题分析类数据报告具有_____和_____的特点。

3. 综合分析类数据报告重在全面评价某个对象，具有_____和_____两个特点。

4. 日常工作类数据报告具有_____、_____和_____三个特点。

5. 数据分析报告的撰写原则有_____、_____、_____和_____。

二、判断题

1. 数据分析报告是展示数据分析结果、提出问题解决办法的应用文体。　　（　　）

2. 数据分析报告的框架结构是行业统一的固定结构。　　（　　）

3. 日常数据通报重在表格形式，不能制作成专题报告。　　（　　）

4. 日常数据通报是应用最广泛的一种数据分析报告。　　（　　）

5.数据分析报告中所使用的名词术语可以自由定义。　　　　　　　（　　）

6.数据分析报告一定要体现数据分析的重点,选取关键指标展示。　（　　）

7.数据分析报告的数据必须真实、完整。　　　　　　　　　　　　（　　）

8.数据分析报告的编制不能创新,要谨慎、实事求是。　　　　　　（　　）

评　价

序号	评价内容	识记	理解	应用	分析	评价	创造	问题
1	认识数据分析报告的类型	√	√					
2	认识数据分析报告的结构	√	√	√	√			
3	选择数据分析报告制作工具	√	√	√		√		
4	数据报告制作者的基本素质			√			√	
教师诊断评语:								

任务二 编制文字版数据分析报告

资讯

微 课
编制文字版
数据分析报告

--- 任务描述：

编写一个信息准确生动的高质量数据分析报告，不仅是技术的展现，更是艺术的创造。如果要制作结构严谨、内容系统、打印装订成册的数据分析报告，可选择文字编辑软件工具来完成。此类软件能创建、编辑、排版和保存各种文档，制作的数据分析报告图文并茂，读者能轻松愉快地阅读。

经过数日的密集训练与学习，小杨所在团队已能把握数据分析报告的核心要点。目前，团队正积极编制一份文字版的数据分析专题报告，旨在圆满完成公司的任务。然而，要打造出高质量的文字版数据分析报告，他们还需进一步掌握以下关键知识与技能：

①掌握文字版数据分析报告的排版规范与要求，能识别和制作专业水准的报告文档；

②了解文字版数据分析报告的各个组成部分，包括但不限于标题、目录、背景与目的阐述、分析过程展示、结构布局设计、结论提炼与建议提出，以及附录等，并精通各部分的制作技巧；

③精通文档编辑软件的图文表混合排版技术，能够灵活运用该软件编排文字版数据分析报告，实现内容与形式的完美融合。

--- 知识准备：

数据分析报告的排版要规范，文、图、表搭配合理。字体、字号、行距、段距要符合常规报告的格式规范。

一、封面规范

封面一般包括报告名称、报告单位和报告日期，排版参考规范见表4-2-1。

表 4-2-1 封面排版规范

内容	格式	示例
报告名称	黑体、一号、加粗、居中、1.5 倍行距	××分析报告
单位名称	宋体、小二、加粗、居中、1.5 倍行距	××有限公司
制作日期	宋体、小二、加粗、居中、1.5 倍行距	××年××月××日

二、摘要规范

摘要一般包括摘要标题、子标题和摘要正文等信息，排版参考规范见表 4-2-2。

表 4-2-2 摘要排版规范

内容	格式	示例
摘要标题	一级标题、居中	摘要
子标题	宋体小四、加粗、1.5 倍行距、段前（后）0.5 行	（一）结论 （二）建议
摘要正文	宋体小四、1.5 倍行距、首行缩进 2 字符、两端对齐	—

三、正文规范

正文一般包括题目、目录、标题、正文、图片、表格、页码、脚注等信息，排版参考规范见表 4-2-3。

表 4-2-3 正文排版规范

内容	格式	示例
题目	黑体、一号、加粗、居中、1.5 倍行距	—
目录	三级目录、宋体、1.5 倍行距	—
一级标题	黑体、四号、段前（后）6 磅	1.×
二级标题	黑体、小四、段前（后）6 磅	1.1 × ×
三级标题	宋体、小四、段前（后）6 磅	1.1.1 × ×
四级标题	宋体、小四、1.5 倍行距	1.1.1.1 × ×
正文	宋体、小四、1.5 倍行距、两端对齐	—
图片	嵌入型、居中、无首行缩进	—
图标题	宋体、小四、图片前后与文字空一行	图 1.1.1 × ×（放于图片下方）
表头	宋体、小四、表格前后与文字空一行	表 1.1.1 × ×（放于表格上方）
表格内容	宋体、小四、居中（无首行缩进、单倍行距）	—
页码	页面底端、居中、小五	1、2、3……
脚注	宋体、小五、左对齐	—
其他	注意专用词语的上、下角标使用	—

四、图表规范

用图表代替大量堆砌的数字，有助于阅读者更形象直观地看清楚问题和结论，但是，过多的图表一样会让人无所适从。数据分析报告中的图表要规范使用，才能不让人迷失方向。

（1）图和表要美观，表题在表格上方，图题在图片下方。

（2）图和表的标识序号要连续，如图 1、图 2，表 1、表 2 等。

（3）不同的图表中，表示同一个指标的颜色要一致。例如，图表 1.1 的指标使用了蓝色，那么图表 1.2 的对应指标的颜色应该沿用蓝色。也可用颜色区分不同含义的数据，如绿色表示增长，红色表示下降。

五、其他规范

数据分析报告中的数字取值和保留精度要一致，文字表述要精准，尽量少用"大约""似乎"之类的不确定用词，比较对象要清楚描述，如 A 和 B 的比较，不要笼统描述 A 比较高，最好用数字说明高多少，是多少倍。

岗 证 须 知

要获得商务数据分析师四级证书，要求从事数据分析和可视化的人员掌握商务数据分析报告的框架构建方法、撰写要求与规范；能撰写商务数据分析报告，并具备文档排版能力。

赛 证 必 备

在商务数据分析技能大赛中，商务数据分析报告撰写作为一个单独模块进行考核。要求能够根据商务数据分析报告的框架，结合企业经营情况及市场上面临的问题，完成商务数据分析报告的撰写。

计划&决策

在目前的智能时代，数据分析报告制作软件众多，有的专业分析工具能自动生成报告，但关键数据不突出；有的工具操作简单，能很快上手，但报告内容简单，可读性不高；有的工具需要有编程基础的专业人员操作，才能生成图文并茂的报告。小杨计划使用 WPS 文字来制作"爱旅游"平台注册酒店的订单数据分析专题报告，计划完成如下内容：

①提炼数据分析报告的标题；

②梳理数据分析报告的目录；

③介绍报告背景和目的；

④展示数据分析过程；

⑤提炼数据分析结果；

⑥凝炼结论及建议；

⑦整理数据分析报告的附录。

实　施

一、提炼数据分析报告的标题

数据分析报告是一种应用性较强的文体，直接为决策者的决策和管理服务，因此标题应具有直接、确切、简洁等基本特征，不能过度应用修辞手法，追求创新和个性化，失去数据报告的本质作用。

"直接"就是开门见山地表达报告基本观点或者结论，"确切"就是恰如其分地表现分析报告的内容和对象特点，"简洁"即用较少的文字集中、准确、简洁地进行表述。因此，数据分析报告的标题可以从解释报告的基本观点，概括报告的主要内容，交代报告分析的对象、范围、时间、内容等方面进行提炼，也可以用设问的方式提出报告所要分析的问题，引起读者的注意和思考来进行提炼。

例如，报告的主题是如何提高某产品的销售额，标题《关于如何提升某产品销售额的数据分析报告》就很普通，不具有吸引力。而标题《提升某产品销售额的五点建议》就比较好，让读者一看就知道报告究竟想要说什么，内容中有具体的建议，值得看一看。

实 践 真 知

将下列标题与对应的类型进行连线。

《客户流失到哪里去了》	解释基本观点
《1500 万利润是怎样获得的》	
《语音业务是公司发展的重要支柱》	概括主要内容
《2023 年公司业务运营情况良好》	提出问题
《发展公司业务的途径》	交代分析主题

二、梳理数据分析报告的目录

目录相当于数据分析报告的大纲，可体现报告制作者的分析思路，能帮助读者快速找到所需内容。通常只需在目录中显示主要章节名称及页码，不宜太详细，否则会让人觉得冗长耗时。参考目录如图 4-2-1 所示。

图 4-2-1　数据分析报告的目录

此外，当数据分析报告中图表较多时，可为图表单独制作目录，方便只对图表感兴趣的人快速阅读，也方便后期更新完善。

三、介绍报告背景和目的

数据分析报告中的相关内容主要是告诉读者本报告在什么背景下、通过什么方式、开展了什么分析、解决了什么问题、达到何种目的等方面的信息。

（1）报告背景主要包括社会背景、行业背景以及分析此项目的原因、意义和其他相关信息。例如，《旅客订购房间情况分析报告》的业务背景如下：

业务背景

中国是全球最大的旅游客源国，是全球旅游创新发展最快的国家之一，引领亚洲地区旅游及酒店行业的快速发展。随着我国旅游业的蓬勃发展，各城市酒店、民宿迅速增长。同时，随着人民生活水平的提高，游客人数增长迅速。

（2）分析目的就是向读者展示在数据分析过程中得到的分析结论、可行性建议和其他有价值的信息，从而让读者对结果有正确的理解和判断，并根据分析结论作出有针对性的、可执行的战略决策。例如，《旅客订购房间情况分析报告》的分析目的如下：

分析目的

如何让旅游者快速找到满意的住宿，让酒店客房出租率最大化呢？旅游需求分析及旅游管理迫切需要实时准确的信息，互联网大数据为旅游情况的准确分析及预测提供了良好的数据基础。为旅客画像，为旅游管理实践提出相应的建议。希望能为旅游酒店管理者提供基于大数据的经营理念和策略，让旅客住得舒心，实现供需平衡，推动我国旅游业及酒店行业创新发展。

实 践 真 知

阅读本项目提供的"国庆假期旅客房间预订数据分析报告"，回答问题。

（1）该报告的分析背景是什么？

（2）该报告的分析目的是什么？

（3）该报告的分析思路是什么？

四、展示数据处理内容

数据处理部分要向读者介绍数据的来源、字段含义、数据清理内容。例如《旅客订购房间情况分析报告》的数据处理来自"爱旅游"平台公开公布的销售数据 22 955 条，15 个字段，其含义见表 4-2-4。本报告涉及的数据清理内容有：删除重复数据，重命名列，处理缺失值、异常值。

表 4-2-4　"爱旅游"平台销售数据字段

序号	字段名	数据定义	含义
1	basicroom_id	string	物理房型号
2	Hotel_city	string	酒店所在城市
3	Hotel_id	string	酒店号
4	order_date	date	订单日期
5	room_id	string	每个售卖房型号
6	order_id	string	订单号
7	user_id	string	用户编号
8	user_city	string	用户所在城市
9	order_price	float	订单金额
10	room_area	float	房间面积
11	user_avgprice	float	用户历史消费均价

续表

序号	字段名	数据定义	含义
12	user_avgroomnum	float	用户历史平均入住间数
13	user_maxprice	float	用户消费最高价
14	user_minprice	float	用户消费最低价
15	user_ordernum	int	用户历史订购订单数

五、提炼数据分析结果

在数据分析报告中，展示报告结果的数据分析维度、指标及相关分析方法，让读者有数据分析现场感，增加分析结论可信度。

在撰写相关内容时，一般采用结论先行、论据从上而下、逐层剥开的方式。报告要侧重数据分析思路和结果。具体数据分析的操作步骤可从简，但是数据分析后的结果最好用可视化图表展示，如条形图、柱形图、饼图、折线图、气泡图等，让人一目了然，提高信息传递效率。例如，《旅客订购房间情况分析报告》的数据分析过程如下：

5. 分析结果

本报告利用 WPS 表格的数据透视表、数据透视图等数据分析工具，从"旅客（人）、房间（物）、酒店（场）、时间（时）"4 个维度、"房间面积、订单量、客户消费均价"3 个指标、采用"占比分析法、排序比较法"2 种分析方法，挖掘出旅客房间预订数据背后的秘密，分析结果如下。

5.1 地域维度分析结果

5.1.1 城市酒店房间面积

各城市酒店的中房间和小房间平均面积基本平衡，大房间面积差距明显。图 1 所示的是不同城市酒店的房间面积平均值前 10 名柱形图。

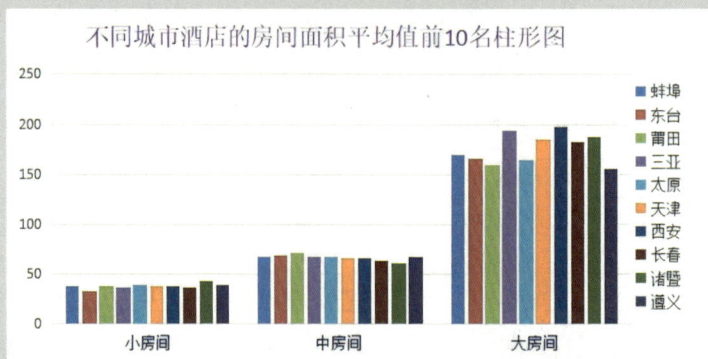

图 1　不同城市酒店的房间面积平均值

5.1.2　城市酒店各房型的订单数分析

分析城市酒店房间订单数（图2）发现：上海、海口、深圳的订单数量位居前三，东台最低。结论：上海这个城市最受广大旅游爱好者的青睐。

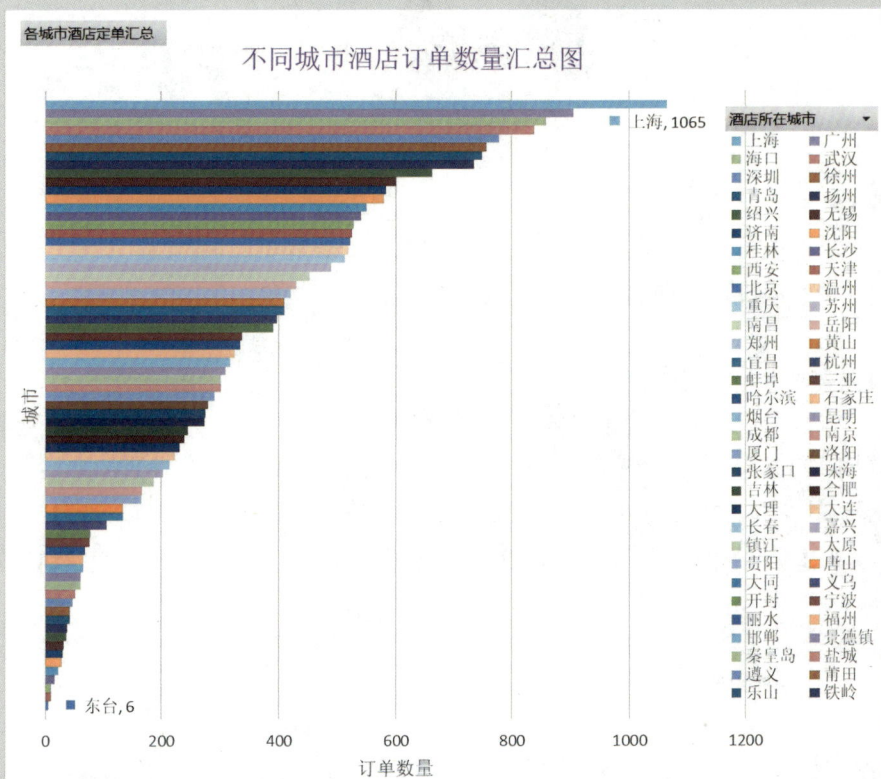

图2　城市酒店各房型的订单数分析条形图

5.2　房间维度分析结果

5.2.1　酒店房型与订单关系

分析房型订单需求占比，绘制饼图，如图3所示，由饼图得知，中房间占比最大（49.50%），大房间最小（14.08%），最受欢迎房型的具体面积是多少呢？需要继续分析房间面积与订单的关系。

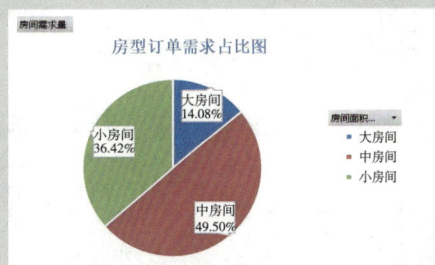

图3　房型订单需求占比图

5.2.2　房间面积与订单关系

通过进一步挖掘房间面积与订单的关系，如图4所示，不难发现，40~60 m² 房间面积最受消费者喜爱，对于别墅、整院这种超大型的民宿需求量不高，但仍然有存在价值。

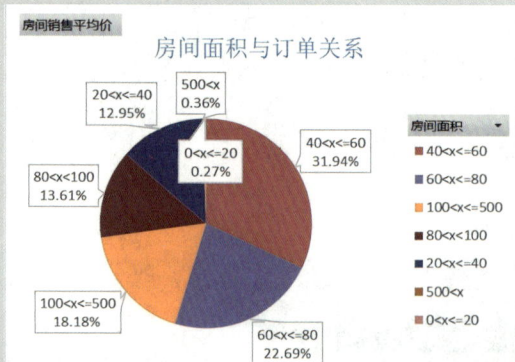

图 4　房间面积与订单关系

5.3　用户维度分析结果

5.3.1　用户下单时间

通过一天 24 小时不同时段的下单量折线图（图 5）可以看到，消费者在 16 点到 18 点之间下单量最多，建议各家房源提供商在这个阶段要加强客服人员的管理，比如增加客服数量或者改变客服在线时间，及时回复消费者的信息等。另外，这个图同时展示出中房间最受消费者欢迎，这个分析与前面的分析结论完全相同。

图 5　用户下单时间分析折线图

5.3.2　用户地理分布

分析热门入住酒店城市（图 6）、热门出行用户所在城市（图 7），发现两个图惊人的一致！热门出行和热门入住城市基本都集中在长三角、珠三角地区，说明这些地方的酒店投入还可以继续加强。

图6　热门入住酒店所在城市排名（前10）

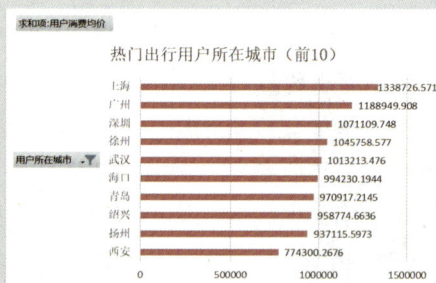

图7　热门出行用户所在城市（前10）

六、凝炼结论及建议

1. 结论

数据报告的结论不是分析结果的简单重复，而是结合公司实际业务，经过综合分析、逻辑推理形成的总体论点，结论求精不求多，因此，结论应该措辞严谨、准确、鲜明。同时，结论不回避"不良结论"，在数据准确、推导合理的基础上，发现问题并直击痛点，这其实是数据分析的一大价值所在。

2. 建议

数据分析报告中的建议，要结合实际业务，有针对性地提出建议或详细解决方案，那么如何写建议呢？

首先，明确给谁提建议。不同的目标对象所处的位置不同，看问题的角度就不一样，比如高层更关注方向，分析报告需要提供业务的深度洞察和指出潜在机会点，中层及员工关注具体策略，基于分析结论能通过哪些具体措施去改善现状。

其次，结合业务实情提建议。虽然建议是以数据分析为基础提出的，但仅从数据的角度去考虑就容易受到局限，甚至走入脱离业务忽略行业环境的误区，影响决策。因此，一定要基于对业务的深刻了解和对实际情况的充分考虑提出合理建议。

《旅客订购房间情况分析报告》中的结论和建议如下：

6　建议与策略

6.1　针对旅客需求的优化建议

一是提供个性化服务，根据旅客的喜好和需求，提供个性化的房间布置和服务，如婴儿床、无烟楼层等。二是强化客户服务培训，提升员工的服务意识和技能，确保旅客在入住过程中得到及时、专业的帮助。三是优化预订流程，简化预订步骤，提供多种预订方式，如在线预订、电话预订等，方便旅客快速完成预订。

6.2 酒店管理和运营策略调整

一是酒店要提升服务质量，针对旅客需求，增加客房设施、提高餐饮服务水平等。二是优化价格策略，根据旅客订购房间的情况，灵活调整房价，以吸引更多旅客并提高收益。三是加强营销推广，通过社交媒体、旅游平台等渠道加强酒店营销推广，提高酒店知名度和影响力。

6.3 利用大数据实现供需平衡和创新发展

一是酒店要精准预测需求，利用大数据分析旅客行为，准确预测房间需求，优化库存管理。二是酒店提供个性化服务，根据旅客喜好和需求，提供个性化推荐和服务，提升客户满意度。三是酒店业要结合大数据，探索新的商业模式和服务方式，推动创新发展。

七、整理数据分析报告的附录

附录并不是必需的，附录只是数据分析报告的补充，其作用是提供正文中涉及而未予阐述的资料，从而向读者提供一条深入数据分析报告的途径。其内容可包括报告中涉及的专业名词解释、计算方法、重要原始数据、地图等。

《旅客订购房间情况分析报告》中的附录如下：

本报告中的数据来源于 Airbnb 网公开公布的数据，通过筛选和去重之后，形成"旅行用户房间预订数据 .xlsx"文件。

检 查

一、填空题

1. 一个_____清晰、层次分明的数据分析报告有助于信息的传达。

2. 数据分析报告的目录相当于数据分析的_____，可体现报告制作者的_____。

3. 最经典的数据分析报告结构为_____结构。

4. 数据分析报告的标题应具有_____、_____、_____的基本特征，不能过度应用修辞手法。

5. 数据分析报告中的建议要考虑建议的_____和业务的_____，才具有针对性。

二、判断题

1. 数据分析报告就是用表格、图表等将数据呈现出来的报告。 （   ）

2.数据分析报告的标题要创新和个性化，以求博人眼球，增加阅读量。　　　（　　）

3.数据分析报告中使用的名词术语、文字格式要规范化。　　　　　　　　（　　）

4.目录相当于数据分析的大纲，可体现报告制作者的分析思路，因此，目录越详细越好。　　　　　　　　　　　　　　　　　　　　　　　　　　　　　（　　）

5.数据分析报告的结论就是数据分析结果。　　　　　　　　　　　　　　（　　）

6.附录虽然不是数据分析报告必需的部分，从而向读者提供一条深入数据分析报告的途径。　　　　　　　　　　　　　　　　　　　　　　　　　　　　　　（　　）

三、实战题

1.依据本教材项目二创建零售业数据可视化图表，为欣欣连锁便利店写1份数据分析报告。

2.依据本教材项目三创建商业数据动态图表，写1份关于逸飞公司新能源汽车近5年销售数据的分析报告。

评　价

序号	评价内容	识记	理解	应用	分析	评价	创造	问题
1	数据分析报告的框架	√	√					
2	数据分析报告的规范	√						
3	数据分析报告的标题					√	√	
4	数据分析报告的背景与目的		√	√				
5	数据分析报告的数据处理与分析流程			√		√		
6	数据分析报告的结论与建议					√		

教师诊断评语：

任务三　制作演示版数据分析报告

资 讯

微　课

制作演示版
数据分析报告

--- 任务描述：

　　文档版本的数据分析报告内容详尽，适合阅读，但是不适合作为演讲稿分享。在公共场合演讲时，使用图文并茂的演示文稿，加上演讲者的口头描述和丰富的肢体语言，能将枯燥的数据报告演绎得生动形象。

　　"爱旅游"网络平台公司看了小杨所在团队制作的文档版数据分析报告很满意，计划在股东大会以演讲方式介绍报告内容。因此，需要小杨所在团队将此数据分析报告制作成演示文稿版，为完成任务，团队成员需掌握以下关键知识和技能：

　　①掌握数据分析报告演示文稿页面的框架设计原则，能规划和设计高效的演示文稿版报告；

　　②精通演示文稿的封面、尾页、目录、章节及正文页的制作与设计，能打造精美专业的数据分析报告；

　　③理解数据源与演示文稿之间的联动关系，能在演示文稿中嵌入表格数据图表，并确保演示内容的准确性和时效性。

--- 知识准备：

一、演示文稿版数据分析报告的页面框架

　　演示文稿版数据分析报告的结构通常采用"总 – 分 – 总"结构，因此，内容框架如图 4-3-1 所示。

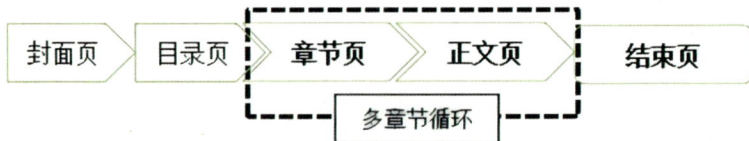

图 4-3-1　内容框架

二、演示文稿版数据分析报告的设计原则

　　（1）对齐原则。将演示文稿中的图标、图片、文字、表格等元素在页面上排列整齐有序，给人简洁清晰的秩序感。

　　（2）重复原则。指元素重复出现，彰显整体的统一，让页面在视觉上具有一致性，

如每张幻灯片标题样式统一、字体统一等。

（3）对比原则。通过对比突出要强调的内容，形成视觉冲击力，抓取观众注意力，如字体的大小对比、色彩对比、衬托对比等。

（4）亲密原则。把有关联的文字和图片内容放置在一起，增强演示文稿的逻辑性与结构性。

三、演示文稿版数据分析报告的模板

通过模板可以快速制作演示文稿版数据分析报告，可以快速掌握入门技巧，激发创意，同时节省完成繁琐操作的时间，使我们能够把主要精力放在提高报告的内涵质量上，如使用 WPS 稻壳模板。

稻壳儿（Docer）是金山办公旗下专注办公领域内容服务的资源平台。平台资源丰富，内容多样，包含有文字、表格、演示素材模板，图标、脑图、海报、字体、图片办公资源，还有营销策划、商业计划书、劳动合同、述职报告、成人自考、总结汇报、试卷试题、毕业论文等多种形式的资料。

在电脑端打开 WPS 稻壳平台有两种方法：一是单击 WPS 软件左上角的"来稻壳 找模板"，二是单击"WPS Office →稻壳"按钮，平台界面如图 4-3-2 所示。

图 4-3-2　WPS 稻壳平台界面

注意：稻壳中的部分资源是收费的，需要稻壳会员才能使用，会员等级越高，可使用的资源越多。

四、快速制作高质量演示文稿的基本技能

"万丈高楼平地起，一砖一瓦皆根基"，无论多么炫酷的模板，对答如流的生成 AI 报告，都需要人去修改、完善，才能符合实际应用的要求。因此，必须熟练掌握 WPS 演示软件的使用技巧。以下 2 个选项卡的每个功能必须掌握。

（1）"设计"选项卡：如图 4-3-3 所示，包含模板、单页美化、全文美化、配送方案、统一字体、背景、母版、幻灯片大小设置功能，在实际操作时，只需单击相应按钮即可。

图 4-3-3 "设计"选项卡

（2）"插入"选项卡：提供了在幻灯片中插入一切对象的命令按钮，如形状、图标、智能图形、流程图、思维导图等，如图 4-3-4 所示。

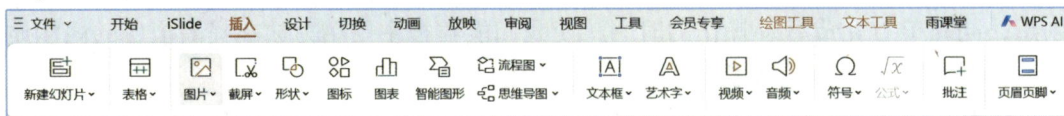

图 4-3-4 "插入"选项卡

赛 证 必 背

在商务数据分析技能大赛中，数据分析演示文稿的制作作为一个单独模块进行考核。要求对数据分析报告中的关键信息进行总结，完成商务数据分析演示文稿的制作，反映隐藏在数据中的本质和规律，总结企业的战略目标与经营结果的差异，并提出针对性的解决方案。

计划&决策

认真分析文档版数据分析报告后，小杨所在团队决定用 WPS 演示软件制作演示文稿数据分析报告，并计划从以下几个方向来制作：
①精选数据分析演示文稿模板；
②雕琢封面尾页显风采；
③编排目录章节明脉络；
④匠心设计正文展洞察；
⑤演示文稿嵌入分析图表。

实 施

一、精选数据分析演示文稿模板

制作演示文稿数据分析报告比较快的方法是利用模板，WPS Office 提供了许多适用于不同场景的模板。在模板的基础上修改，不仅能保证风格统一，还能节省时间。

（1）在任何需要模板的时候，单击软件顶部的"WPS Office"按钮，调出软件系统菜单，再单击"稻壳"图标，进入模板界面。

（2）在模板界面中选择"演示"，在搜索框中输入"数据分析报告"，单击搜索按钮，如图 4-3-5 所示，将在网络中搜索出此主题的模板，如图 4-3-6 所示。

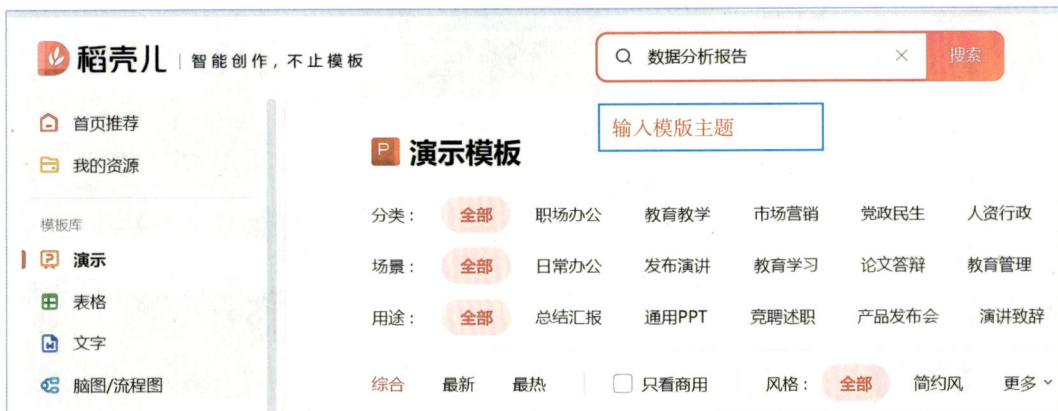

图 4-3-5　搜索模板

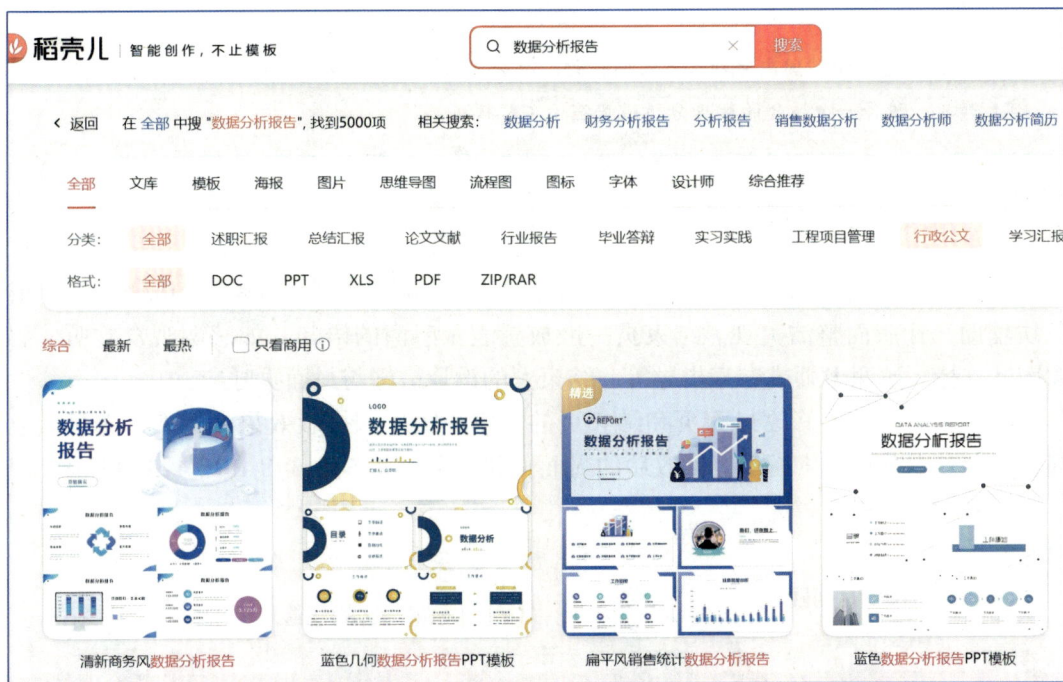

图 4-3-6　查找数据分析报告主题模板

（3）预览并应用模板。双击选中的模板，在弹出窗口中预览模板，如果满意，单击"立即下载"按钮即可，如图4-3-7所示。

图4-3-7　预览模板

实 践 真 知

阅读配套素材"国庆假期旅客房间预订数据分析报告.doc"文档，结合文档内容和生活实际情况，选择一个适合的数据分析报告演示文稿模板。

二、雕琢封面尾页显风采

封面页通常包含标题、报告人、日期等元素，标题文字要最醒目，可使用图片或色块辅助，让版面整洁美观。结束页一般放置表示感谢的语句，如感谢观众聆听、感谢团队支持、感谢老师或专家指导等。结束页的设计最好与封面页呼应。

在模板的基础上修改封面页和结束页的文字、图片和排版效果。例如，选择紫色简约旅游数据分析报告模板，修改后的封面页和结束页如图4-3-8和图4-3-9所示。

图4-3-8　封面页效果

图4-3-9　结束页效果

三、编排目录章节明脉络

1. 制作目录页

目录页是让观众快速了解报告的内容框架，只需列出一级标题即可。排版方式一般是左右型，一边是图片或简介，另一边是目录标题。目录页一般都使用模板，只需根据实际内容修改即可。本任务中《国庆假期旅客房间预订数据分析报告》的目录就是左右型，如图 4-3-10 所示。

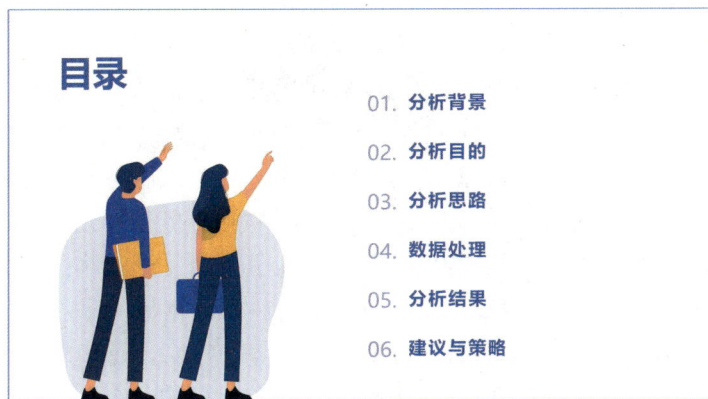

图 4-3-10　目录页效果

2. 设计章节页

演示文稿数据分析报告的章节页是目录页的分解，作用是提醒观众，即将展示的章节内容是什么。章节页的排版设计应该统一，只有章节标题文字不同即可。本任务中《国庆假期旅客房间预订数据分析报告》的章节页如图 4-3-11 所示。

图 4-3-11　章节页效果

四、匠心设计正文展洞察

正文页是报告的重点部分，在每张章节页后面，用多张幻灯片展示该节内容。正文页制作要注意以下几点：

- 每张正文页有标题，表明当前页展示的数据主题是什么；
- 合理使用图片、图表、表格、SmartArt 图等表现数据；
- 用一到两句话列出数据分析结论，方便演讲者口述其他内容；
- 一张正文页展示一到两项内容即可，提升信息传达效率。

下面以制作《国庆假期旅客房间预订数据分析报告》的"分析背景"正文页为例讲解制作思路和操作方法。

（1）精读文本，提炼要点，形成正文页标题。本任务报告的分析背景文本如下：

> 世旅组织数据显示，2019年，中国游客的国际旅游消费总额达到2 550亿美元，单是这一年就有超过60亿人次旅行。毫无疑问，中国已发展成为全球最大的旅游客源国，其游客人数众多，旅游消费力强大，对全球旅游业产生重要影响，促进了亚洲地区旅游业的繁荣，另外，中国游客的旅游目的多元化，除了传统的热门城市，乡村、山区、海岛等特色旅游目的地也逐渐受到游客的青睐，由此带来了酒店、民宿数量的迅速增长，酒店业面临着激烈的市场竞争。
>
> 近年来，中国旅游业呈现出快速增长的态势，特别是每年的国庆节、春节、五一节，作为中国的重要节假日，历来都是旅游出行的高峰期，在此期间，游客数量激增，酒店预订量激增，房间需求呈现多样化和个样化，对酒店管理和服务提出了更高要求。

精读后发现有"两个方面六个要点"。一方面，中国是全球最大的旅游客源国，表现在"游客人数众多、旅游消费力强大、旅游目的多元化"3个要点。另一方面，节假日旅游高峰期情况，表现在"游客数量激增、房间需求个样化、酒店业竞争激烈"3个要点。

（2）计划正文页的数量。根据前面的分析，此处正文页共两页，每页展示3个要点。

（3）修改正文模板，可插入智能图形，然后替换图形和文字，效果如图4-3-12和图4-3-13所示。

图 4-3-12　分析背景正文 1

图 4-3-13　分析背景正文 2

实 践 真 知

阅读配套素材"国庆假期旅客房间预订数据分析报告.doc"文档，完成下面的正文页制作。

（1）分析目的正文页。

（2）分析思路正文页。

（3）数据处理正文页。

五、演示文稿嵌入分析图表

在演示文稿数据分析报告中，数据图表必须是主角，如何将数据分析结果的图表插入到演示文稿中呢？如果直接用"复制＋粘贴"法，则表格中设置的字体、格式可能会变化，如果粘贴为图片，则演示文稿中的数据不能刷新，即不能随表格中数据的变化而变化，也不能实现实时筛选功能。

下面介绍一种"演示文稿＋表格联动"的操作方法。

（1）将数据分析表格文件与用于数据展示的演示文稿文件放在同一个文件夹中。

（2）在 WPS 表格中选择要粘贴的图表，如选择透视图中的"不同城市酒店的房间面积平均值条形图"，然后按快捷键 Ctrl+C 复制，如图 4-3-14 所示。

图 4-3-14　选择表格透视图

（3）在演示文稿中需插入透视图的位置，执行"粘贴→选择性粘贴"命令，打开如图 4-3-15 所示的对话框，选择"粘贴链接"，单击"确定"按钮即可将透视图插入到演示文稿中，效果如图 4-3-16 所示。

（4）验证联动是否成功。

①在演示文稿的编辑状态，双击透视图，出现如图 4-3-17 所示的安全申明，单击"确定"按钮，打开相应的表格。

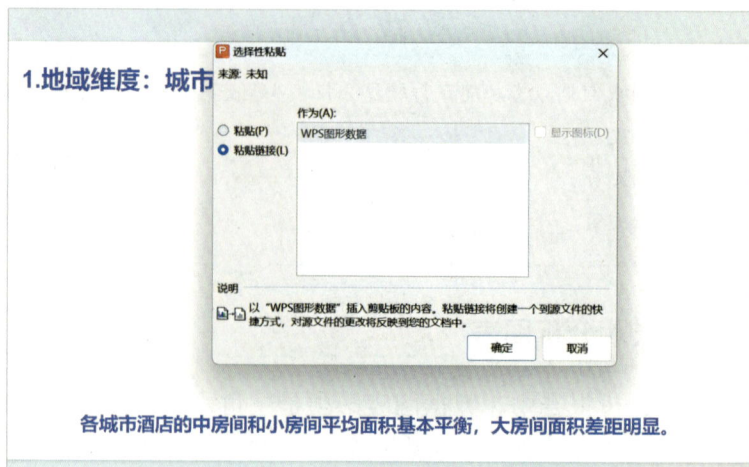

图 4-3-15 "选择性粘贴"对话框

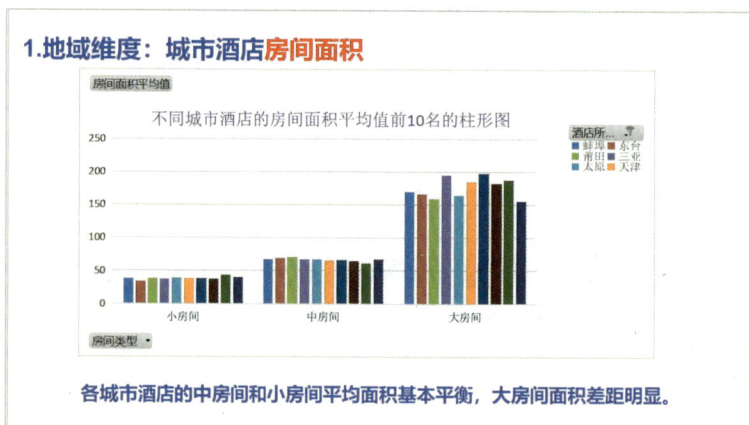

图 4-3-16 粘贴后的效果

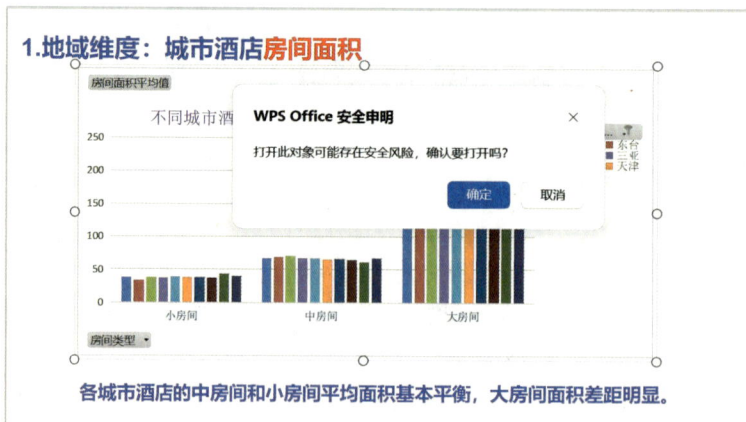

图 4-3-17 链接表格

②在透视表格中筛选酒店所在城市为"北京"，会看到表格中透视图变成如图4-3-18所示效果。

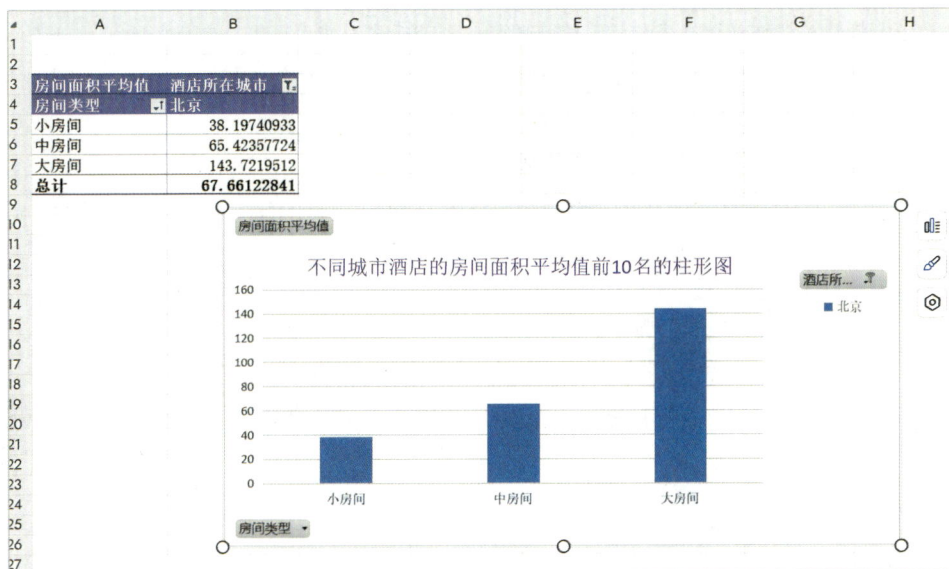

图 4-3-18　表格中的透视图效果

③返回到演示文稿中，看到透视图变成了图 4-3-19 所示效果，表示表格和演示文稿联动成功。

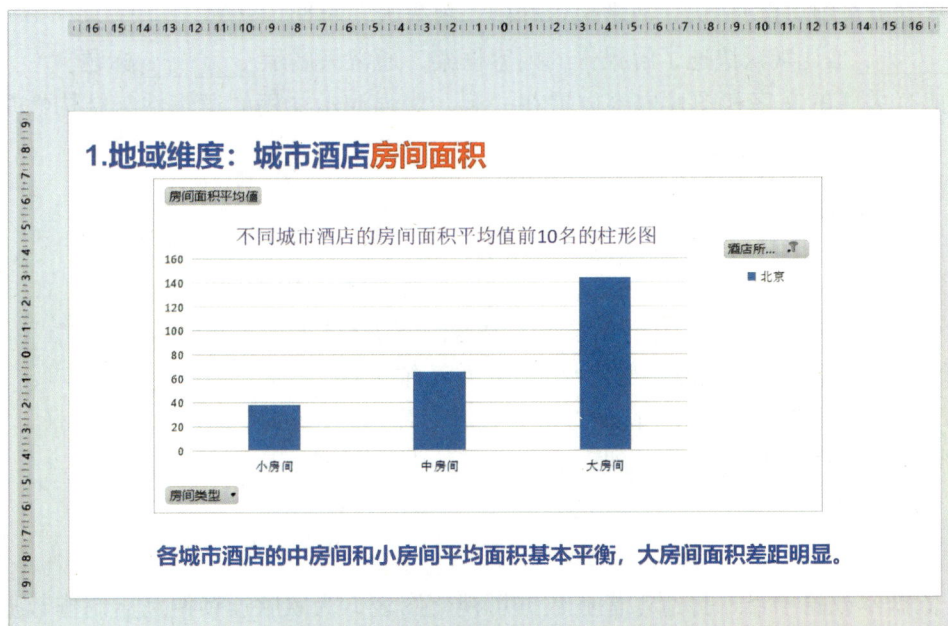

图 4-3-19　演示文稿自动刷新透视图效果

实 践 真 知

按上面"演示文稿＋表格联动"的方法，完成下面的操作。

（1）将"房型订单数排序分析"透视图插入到演示文稿中。

（2）将"酒店房型与订单关系"2个饼图透视图插入到演示文稿中。

（3）将"用户下单时间"折线透视图插入到演示文稿中。

（4）将"用户地理分布"2个排序透视图插入到演示文稿中。

六、保存与分享

执行"文件→保存"命令，如果选择"pptx"格式保存为源文件，方便后续修改；如果选择"pptsx"放映文件，便于演示播放；如果选择"pdf"文件，便于发布和交流分享。

检 查

一、填空题

1.＿＿＿＿＿＿是指将演示文稿中的图标、图片、文字、表格等元素在页面上排列整齐，给人简洁清晰的秩序感。

2.让相同的元素重复出现，使页面在视觉上具有一致性是演示文稿设计的＿＿＿＿＿＿＿＿＿＿＿原则。

3.数据分析报告的＿＿＿＿＿＿通常包含标题、报告人、日期等元素。

4.＿＿＿＿＿＿是让观众快速了解报告的内容框架，通常只展示＿＿＿＿＿＿＿＿标题。

5.把有关联的文字和图片内容放置在一起，增强演示文稿的逻辑性与结构性是演示文稿设计的＿＿＿＿＿＿＿原则。

二、判断题

1.为彰显演示文稿制作者的技术，幻灯片的每页都要有不同风格。　　　（　　　）

2.为抓住观众的注意力，突出要强调的内容，可用字体大小对比展示。　（　　　）

3.幻灯片封面页要设计得美观大方，结束页可有可无。　　　　　　　　（　　　）

4.每张章节页最好都采用一样的排版方式和图片，只改变文字即可。　　（　　　）

5.演示文稿的正文页最好有标题，表明本页的中心思想。　　　　　　　（　　　）

三、实作题

1.依据本教材项目二打造零售业数据可视化图表，为欣欣连锁便利店制作数据分析报告的演示文稿。

2. 依据本教材项目三创建商业数据动态图表，制作逸飞公司新能源汽车近五年销售数据分析报告的演示文稿。

评　价

序号	评价内容	识记	理解	应用	分析	评价	创造	问题
1	演示文稿数据分析报告的设计原则	√						
2	演示文稿数据分析报告的页面构成		√					
3	使用模板制作演示文稿数据分析报告	√		√				
4	演示文稿中插入表格图表						√	
教师诊断评语：								